U0073455

咖啡師
生存之道
BARISTA LIFE

瑞昇文化

CONTENTS

PIONEER

先驅者

KIYOSHI NEGISHI
FMI

CHIHIRO YOKOYAMA
Bar DelSole

HIROYUKI KADOWAKI
CAFÉ ROSSO beans store + cafe

KATSUYUKI TANAKA
BEAR POND ESPRESSO

HIROSHI SAWADA
sawada coffee

AKIHIRO OKADA &
HISAKO YOSHIKAWA &
NAOKO OSAWA &
HARUNA MURAYAMA
OGAWA COFFEE

HIDENORI IZAKI
SAMURAI COFFEE EXPERIENCE

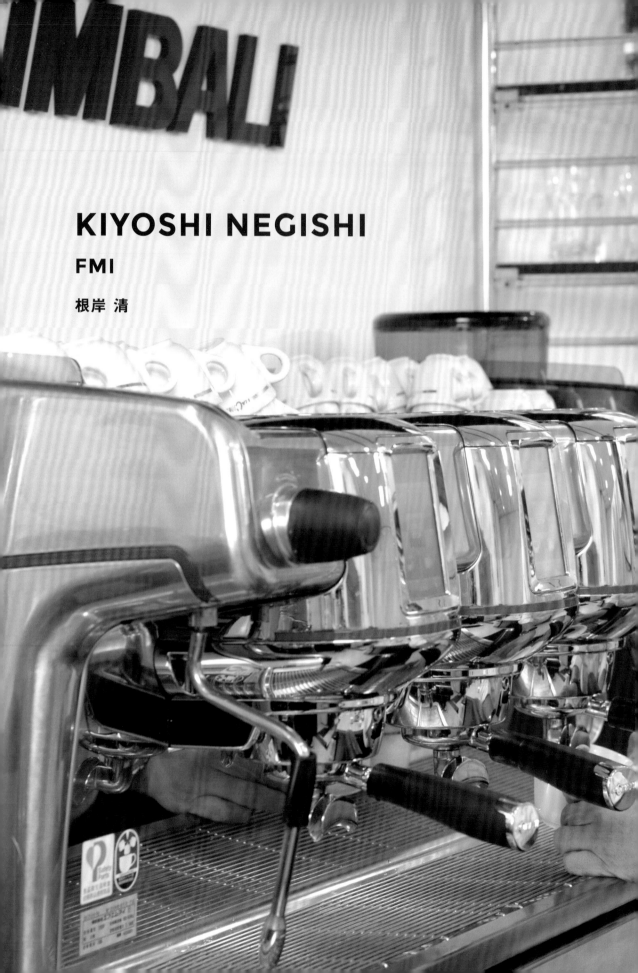

KIYOSHI NEGISHI

FMI

根岸 清

艱辛的義大利研修

當初，我前往義大利的目的並不是為了濃縮咖啡，而是為了學習義式冰淇淋。1984 年，因為公司從事義大利製冰淇淋機的進口銷售，而派我前往當地學習義式冰淇淋的製作方法。

義大利的 Gelateria（義式冰淇淋專賣店）大多都會附設咖啡吧，當然也有濃縮咖啡的販售。30 多年前的那杯濃縮咖啡，讓我留下了相當強烈的第一印象。義大利的咖啡師問我：「要加砂糖嗎？」因為我個人主張喝咖啡不加糖，所以馬上就回答：「NO！NO！」就這麼直接喝下肚。當時的感想是，「跟日本的咖啡完全不同。又濃又苦，根本稱不上是飲料」。回頭看了看周邊，當地的義大利人都是在加了砂糖之後，攪拌幾次，分 2～3 口喝掉，然後就馬上離開。於是，我也有樣學樣，慢慢地品嚐，結果，咖啡師問我：「怎樣？好喝嗎？」當下我馬上就不假思索地回答：「buono！（好喝）」。

之後，公司在 1995 年開始進口販售 CIMBALI 公司的濃縮咖啡機。

當時，進口濃縮咖啡機的製造商負責教導機器的使用方法，我的工作是調整機器，味覺方面的調配則是由咖啡豆批發業者處理。可是，日本的批發業者幾乎沒去過義大利，也不瞭解正統的濃縮咖啡。所以不知道為什麼，當時的日本都會在卡布奇諾裡面加上肉桂，濃縮咖啡更採用了每杯 60～80ml 的萃取量，相當於原產地的 3 倍之多。咖啡豆的選用也令人感到不可思議，因為都是採用重烘焙的咖啡豆。CIMBALI 公司也表示：

「日本的濃縮咖啡和卡布奇諾，和義大利的完全不同。不管在日本多麼努力地販售咖啡機，如果以不同的製作手法提供販售，那就絲毫沒有半點意義」。於是，公司下達了「培育咖啡師」的指令，因此，我再次奉命前往義大利，在好幾個咖啡吧接受咖啡師的研修。

義大利的咖啡師充滿著專家氣質，完全憑感覺在教導萃取技術。奶泡的做法也一樣，就只是做給我看，然後再丟下一句「就是這樣」。因為我必須在短時間內學會技術，所以就把磅秤、溫度計和馬錶等道具帶在身上，在每次學習的時候，用來測量咖啡粉量、萃取時間、溫度等，並且把測量的結果數據化。萃取時間據說是 20～30 秒，但實際上是如何呢？之所以收集數據做驗證，是為了回到日本後，可以讓所有人都可以沖泡出正統的濃縮咖啡。甚至，我還利用研修的空檔，從義大利北部開始一直巡迴到南部，走訪了各個不同的咖啡吧，點了濃縮咖啡和卡布奇諾，同樣也收集了相關數據。可是，我還是沒有勇氣在咖啡師的面前進行測量，所以我總是會做做樣子，然後再趁機把濃縮咖啡或卡布奇諾偷偷地倒進密封袋裡，等回到投宿的飯店後再進行測量。之後，我拿著日本寄來約 300 日圓左右的土產，向咖啡師詢問：「我是從日本來的，可以讓我拍張照嗎？」結果，幾乎每個咖啡師都會很樂意地回答：「好啊！」接著，當我說：「這是我的一點小小心意」，把土產拿給對方時，每個義大利的咖啡師都會感到特別開心，還會特別招待我喝

杯咖啡。另外，當我請求對方送我 2 杯份量的濃縮咖啡粉，讓我作為參考時，對方也會很開心地說：「拿去吧！」讓我有得喝又有得拿。

就連卡布奇諾該在多少溫度的情況下上桌，我也在咖啡吧做了實際的測量。這個時候，咖啡師會開玩笑地說：「你是來義大利做什麼的？科學家嗎？」義大利的卡布奇諾大約是 60℃ 左右，只要溫度高個 2～3℃，客人就會說：「caldo（好燙）！給我加點冰牛奶」。對他們來說，熱飲是禁忌。因為「熱飲得慢慢喝，就會遲到」。日本人則是喜歡喝熱的，所以這一點還挺令我驚訝的。

就這樣，身為咖啡機製造商的我學會了正統的濃縮咖啡，接下來就是咖啡師的培訓。首先，第一步要思考的事情就是，該怎麼做才能夠讓咖啡豆批發商或咖啡館的老闆，對濃縮咖啡產生興趣。當時，在義大利的時候，聽說有一小部分的人會製作花式卡布奇諾，所以我也試著學習心型和葉子的拉花，還在濃縮咖啡的研討會上小露一手。當我在卡布奇諾上面畫出心型圖案時，大家全都嚇了一跳，同時也產生了高度的興趣。然後，在我沖泡正統濃縮咖啡的時候，眾人更是驚呼：「分量這麼少嗎？」我也把「加入砂糖攪拌飲用」的喝法教給大家，實際品嚐之後，大家都十分感動地說：「很好喝！」可是，研討會結束之後，部分的批發業者卻提出質疑：「可是，濃縮咖啡的份量這麼少，在日本應該賺不到錢吧？」沒錯，濃縮咖啡並不是當成飲料喝的飲品。對日本人來

說，飲料的最大作用就是潤喉、邊吃邊喝。可是，如果把濃縮咖啡當成飲料喝的話，反而會越喝越渴，而且馬上就喝光了。「應該從改變大家對濃縮咖啡的看法開始做起」，這是我當時的想法。

據說，濃縮咖啡可以在工作空檔時，讓腦袋更加清楚，在飯後刺激腸胃，促進消化吸收。然後，要加入大量的砂糖，攪拌幾次之後再飲用。不加糖的濃縮咖啡就跟不加糖的巧克力一樣，只有苦味。苦味巧克力只要加上 35% 以上的糖分，苦味就會和甜味調和，形成微苦且美味的巧克力。濃縮咖啡也一樣，只要加入砂糖，攪拌 50 次左右，砂糖確實融化之後，就會產生濃稠感，讓咖啡的口感變得更加滑順。簡直就像是巧克力的口感。濃縮咖啡就是這樣，要調配出自己喜歡的味道再喝。可是，在日本的咖啡館中，每 100 個人就有 10 個人不喝濃縮咖啡，而少數會喝濃縮咖啡的人，則幾乎都不加糖。現在還有人會因為看到我在濃縮咖啡裡加砂糖，而吃驚地說：「根岸先生，你喝咖啡加糖嗎？」好像在說，喝咖啡加糖的人就不是咖啡通似的。

把濃縮咖啡的魅力傳達給日本人的時候，最重要的關鍵不是飲料的概念，而是美味品嚐的方法。在培訓咖啡師的同時，也必須進一步宣揚濃縮咖啡的文化才行，這是我當時的想法。

拍手喝采的研討會

在我以濃縮咖啡機製造商的身分，把重心傾注在咖啡師培訓上，並且在日本國內積極推廣義式濃縮咖啡的同時，也有好康的事情降臨在我身上。

大約 18 年前，東京酒店宴會廳的人員邀請我參加濃縮咖啡的學習會，讓我有機會跟大家分享義式濃縮咖啡的點點滴滴。因此，我傾注了全力，盡可能地知無不言、言無不盡，並且邀請大家試喝濃縮咖啡，結果，在演講結束的時候，大家熱情地為我拍手喝采。還有人說：「我們以前因為不懂而煩惱不已的問題，全在今天的演講中豁然開朗了。」我問他：「為什麼這麼說？」才知道他每次端濃縮咖啡給外國客戶時，總是會聽到外國客戶的抱怨。「為什麼這裡的濃縮咖啡有股焦臭味？」、「太苦了！」、「沒有奶泡。」過去，他總是持續聽到這樣的怨言，而且一直無法解決。可是，今天聽了我的一席話之後，他才知道不管是咖啡豆的烘培、粗細度、萃取時間或份量，全都搞錯了。甚至是卡布奇諾，他也是直到演講當天才知道，其實卡布奇諾的泡沫很滑順，根本不需要再放肉桂。他開心地說：「過去的煩惱瞬間全都煙消雲散了，陰霾全都一掃而空。」之後，這些話也傳到了咖啡豆批發商的耳裡，各營業所也陸續邀請我出席研討會。感覺之前在義大利的辛苦學習，總算獲得了回報，這個時候，真的令人感到相當開心。

我希望能夠盡早培訓出優秀的咖啡師、希望咖啡師能夠早一日學會接待客人的技巧和技術，所以一直很積極地參與咖啡師的認證制度和比賽的營運，同時也會在 SCAJ 或 FMI 舉辦研討會。

可是，咖啡師除了技術的提升之外，還必須讓咖啡成為商業行為，絕對不能忘記那份讓一般消費者覺得「好喝」的努力。

每個人都有不同的喜好，品嚐的方法也因人而異。如果客人覺得加砂糖比較好喝，那就請客人隨自己的意思斟酌添加吧！如果專業人士強迫客人說：「不要加糖，因為我希望你可以品嚐到萃取咖啡的美味」這樣就會嚇跑一般消費者，令人退避三舍。罐裝咖啡也有無糖種類的販售，可是銷售比例偏低。而咖啡牛奶也是，如果沒有加砂糖，肯定賣不出去。其實，希望在咖啡裡加點甜味的人還不少。濃縮咖啡加了砂糖，就會變得更加美味，可是，如果有人主張：「我喜歡不加糖」那也沒有關係。在義大利，也有人會拿麵包沾著咖啡杯底殘餘的砂糖吃，也有人會把砂糖撒在卡布奇諾的上方，先吃掉甜甜的奶泡，再把咖啡喝掉。濃縮咖啡應該依照個人喜好去品嚐美味，這是我在義大利學到的。

所以，我希望培育出能夠給予客人「請照著個人喜好自由品嚐咖啡」這種忠告的咖啡師。儘管比賽的推動，可以培育出技術優異的咖啡師，但是，我更希望培育出以商業為重要考量的專業咖啡師。當有更多客人滿心喜悅地說：「好喝」的時候，對咖啡師來說，那就是最大的喜悅。

讓客人開心的工作

還有另一件事情，那就是身為一個咖啡師的心得。

我在位於米蘭郊外的塞雷尼奧（Seregno）的某咖啡吧研修時，曾經吃盡了苦頭。那個咖啡吧就在教會附近，教會每個星期天的早晨都會做禮拜，所以店裡總是非常忙碌。有一次，有個年長的女性客人說：「卡布奇諾幫我加冰牛奶和溫牛奶各半。」這個時候，指導我的咖啡師非常地開心，就照著那位客人的指定提供了咖啡。忙碌告一段落之後，我跟咖啡師說：「在那麼忙碌的時候，接到那麼麻煩的訂單，你居然還那麼開心」，結果他說：「你在說什麼？因為那個時候你露出一臉不耐煩的表情，所以我才會那麼做。正因為如此才更要笑臉迎人地端上咖啡，這樣客人才會更開心。」這時我才猛然驚醒。其實我自己並沒有露出那種表情的本意，可是卻還是顯露在外了。那個時候，我總是會因為作業不順暢而滿腔怒火，心情絲毫無法放鬆。這也讓我學到了咖啡師的待客之道。

咖啡師這份工作的最大關鍵就是讓客人開心、高興。現在，只要去便利商店，就可以買到100日圓左右的現沖咖啡。那麼，我們該如何走出不同的風格呢？正因為咖啡師是咖啡專家，所以才能夠一邊和不同的客人交談，一邊提供符合客人喜好的咖啡。義大利的咖啡吧就是這樣。當客人說：「今天想喝清淡點的咖啡」，咖啡師總是能夠以稍微減少咖啡粉、多加點熱水的方式，調配出客人想要喝的咖啡。『濃縮咖啡』有分特濃（Ristretto）、淡式（Lungo）、瑪奇朵（Macchiato）等各種種類，而且義大利都會免費提供牛奶，並且依照個人喜好，以不打泡或冰涼等方式直接提供。飲料的添加比料理來得簡單，而且也可以依照客人的喜好添加，一點都不麻煩。我總是跟年輕咖啡師說：「如果便利商店的咖啡品質有所提升，那就善用便利商店所沒有的領域（＝服務），讓客人開心吧！」

現在，咖啡的品嚐方法相當多元，可是，具有各種品嚐方式的只有濃縮咖啡。1杯濃縮咖啡只要加上奶泡，就成了卡布奇諾。如果加上巧克力醬，就是摩卡咖啡，加上焦糖醬則成了焦糖拿鐵。這些種類的咖啡，就算是不擅長喝咖啡的人，也會覺得美味。如果是冰的，只要把濃縮咖啡放進裝了冰和牛奶的杯子裡攪拌，就成了牛奶味道醇厚的冰拿鐵。唯有專業的咖啡師，才能夠透過這些豐富的變化，讓客人品嚐到濃縮咖啡的美味。

聽說現在的咖啡才藝班有許多的學生報名。因為比起料理或甜點技術，咖啡不僅可以在短期間內學會，而且還可以在客人面前展示個人技術，自然報名學習的人也就會更多。以首席咖啡師為目標，而參加比賽的人，不僅可以強化自己的技術層面，同時也可以增加自己的知識。甚至，讓每一位客人感到開心，也是咖啡師必須加以磨練的部分。希望每個咖啡師都可以營造出放鬆、自由的氣氛，把濃縮咖啡的魅力傳達出去。

CHIHIRO YOKOYAMA

Bar DelSole

横山千尋

在地品嚐的濃縮咖啡

過了 20 歲之後，我就進入餐飲業，剛開始在法國餐廳工作。之後，經營那家餐廳的公司預定成立一家義式冰淇淋店，而派遣我前往義大利進行商品開發。我在當地，向義式冰淇淋的老前輩蓋布里·艾切魯（Gabri Hetzel）學習製法。艾切魯先生相當重視義大利傳統，不過，我還是試著結合日本當地的食材，希望調配出日本人喜愛的口味。剛開始，艾切魯先生持反對意見，認為「那種製作方法根本不可能」不過，在試吃過我製作的義式冰淇淋後，他終於認同我，「原來也可以製作出這種味道」，真的讓我感到非常開心。可是，他重視傳統的那份熱情仍舊令我相當敬佩，而這個想法同時也奠定了我日後對傳達咖啡師文化的理念。

然後，在距今 20 多年前，我因為義式冰淇淋機而結識了 FMI 股份有限公司的根岸清先生，他問我：「我要在日本開一家正統的義式咖啡吧，你要不要跟我一起做？」這時候，開始對咖啡吧產生興趣的我，前往義大利，展開了咖啡吧巡禮和咖啡師的修業生活。

其實，在這之前，我並不喜歡喝咖啡。20 歲左右，第一次喝濃縮咖啡的時候，我在沒有加砂糖的情況下，忍著苦味，小口小口地喝。當時對咖啡留下了不太好的印象，心想：「為什麼非喝這麼苦的東西不可？」

可是，那個印象在義大利被徹底顛覆。義大利當地的正統濃縮咖啡和卡布奇諾，跟日本當地完全不同。剛開始，我在飯店點了卡布奇諾，結果，端上來的並不是日本當地常見的，上面放著鮮奶油，再附上肉桂棒的卡布奇諾。那杯卡布奇諾上面的濃稠滑順奶泡，有著超乎想像的美味。甚至，街邊咖啡吧的濃縮咖啡更是讓我驚艷不已。我模仿對桌客人的喝法，加了 6g 的砂糖後充分攪拌，分 3 口喝掉咖啡，結果，「好喝！這種味道太棒了！」咖啡本身的甜味、苦味和酸味在嘴裡瞬間擴散，香氣湧入鼻腔。

原本不喜歡喝咖啡的我，在義大利喝到真正的濃縮咖啡後，居然覺得咖啡「很好喝！」我想不瞭解咖啡美味的日本人肯定很多，所以我就更希望把這個味道推廣出去。這就是我決定邁向咖啡師人生的瞬間。

之後，我在米蘭的咖啡吧『La Terrazza』學習。因為過去我只有接觸過濃縮咖啡機，所以每天不斷地失敗，因此幾乎學習不到什麼技術。不過，我覺得萃取技術只要不斷反覆地練習就行了，咖啡吧的氛圍和咖啡師的動作等，唯有在當地才能學到的細節，才是比萃取技術更重要的環節。因為在咖啡吧工作的日本人很少見，所以客人經常主動找我攀談。只要我說：「我來學習當咖啡師」，他們就會熱情地向我介紹義大利的文化，或是告訴我常跑咖啡吧的原因。這些話題讓我對義大利的咖啡吧文化有了更深一層的認識。

以客為尊的一流咖啡師

我在義大利停留了半年左右，除了徹底觀察咖啡師的動作之外，還到處喝濃縮咖啡，並且把自己的感想記錄在筆記上。另外，我還會把咖啡師的動作錄製成影片，並且在事後拿出來觀看，一邊努力練習萃取。看過影片之後，就可以理解在現場沒有察覺到的細節和動作的用意，相當地受用。

雖然我並沒有在義大利的咖啡吧工作太久，不過，我卻巡迴了從北到南的咖啡吧，以客人的身分實際感受了每家店的氛圍。例如，南義大利的拿坡里是硬水，所以使用的咖啡粉量也比較多，也讓我學到了沖壓製成的濃縮咖啡。

每次去到一流咖啡吧時，我首先想到的事情就是「義大利的咖啡師動作乾淨俐落又快速」。

觀察過咖啡師的動作後，我發現最重要的關鍵就是連貫的作業流程。從客人點了咖啡到咖啡端上桌的這段期間，只要觀察一流咖啡師的動作，就可以知道哪些是真正必要的動作。擺放杯組或工具的場所或高度，同樣也有考量到取用的方便性。甚至，也曾經看到不使用填壓器進行萃取等，非理所當然的情況。那個時候，我的腦中便會浮現出「填壓到底是為了什麼？」之類的基本性疑問，並且從中找出答案。

然後，我還學到了另一件事，那就是「咖啡師總是把視線放在客人身上」。

當時，義大利人在我眼裡就像是從同一個模子印出來似的，我根本沒辦法清楚分辨出客人。客人把發票根放在收銀台，我準備遞出做好的飲料而抬起頭時，常常碰到客人早已經從我眼前消失，移動到吧檯（Banco）的情況。所以，有經驗的咖啡師也經常跟我說：「衣服的顏色、領帶的花紋等，身上所配戴的飾品也可以當成辨識的線索，確實記下來吧！」

義大利當地幾乎沒有兼差性質的咖啡師。因為大家都抱持著專業心態，所以就算專注於訂單的製作，仍然不會忘記收取發票根，也不會有聽錯的情況。他們陸續接受訂單，逐一確認「你要卡布奇諾，他是咖啡（濃縮咖啡）」，不斷提供客人需求的專注態度，我讓覺得相當感動。我發現咖啡師在製作濃縮咖啡的同時，仍然會不斷往客人的方向觀望。就連客人放下發票根之後的動作，他們也會加以確認。這種「以客為尊」的態度，讓我受教許多。那個時候，正因為我對義大利語還沒有相當熟悉，所以更能夠實際感受到直視客人目光，體察客人情緒的重要性。透過自己的雙眼去看，然後在腦中分析，自然就能加深理解。

咖啡吧是交際、休憩的場所，同時也是邂逅的地點。就地區的交流場所來說，什麼樣的人會為了追求什麼而每天造訪咖啡吧呢？如果要讓人與人的關係更加緊密，咖啡師就必須要學習面面俱到，同時累積自己的人生經驗。然後，經常以開朗的笑容接待客人，並讓自己成為更好的談話對象。這就是我在當地咖啡吧所學習到的咖啡師工作。

「單份濃縮咖啡」　吧檯價 148 日圓　桌位價 300 日圓（未稅）。

「冰搖咖啡」　吧檯價 350 日圓　桌位價 500 日圓（未稅）。

日本人首次參賽的 WBC

我在 2002 年和 2004 年的日本咖啡師大賽（JBC：Japan Barista Championship）之中獲得了優勝，並且在 2002 年，以首位日本代表選手的身分，參加了世界盃咖啡師大賽。（WBC：Word Barista Championship）

我首次參賽的 WBC 在挪威的奧斯陸（Oslo）舉行。其他國家的參賽者都帶領著支持者，以團隊的形式參加比賽，但是，我則是隻身一人前往奧斯陸。不管是行程的確認，還是練習場地的確認，全部都得一手包辦。現在回頭想想，「當時的自己還挺厲害的」。

不過，孤身一匹狼的我還是有碰到幸運的事情。那就是我在比賽中結識了義大利的冠軍路易吉‧魯皮（Luigi Lupi）。因為他在看了我的練習後，主動上前問我：「你是日本人？曾經在義大利工作過嗎？」我反問：「為什麼這麼說？」他回答：「因為你的動作就跟義大利的咖啡師一樣」。因為這個契機，義大利隊伍不僅給了我許多協助，甚至還在我比賽的時候，坐在最前排的座位，為我加油打氣。明明隻身參賽，現場卻有義大利隊伍為我加油，所以會場內還因此而飄散著「他是何方神聖？」的氣氛。結果，雖然我只拿到第 9 名的成績，無法進入決賽，不過，第一次參加的世界大賽總算是順利結束了。

之後我又參加了 2004 年的 WBC，而比賽地點就是我當初展開咖啡師人生的起點，就是義大利。這個時候，我懷揣著「希望向義大利報恩」的強烈心情，前往義大利。這場比賽舉行的時候，JBC 的組織也已經成立，所以我就以日本隊的形式參賽。這樣一來，不僅食材和備品的搬運變得更輕鬆，還有了解比賽規則的指導者，甚至還有翻譯同行，連語言的問題都解決了。在奧斯陸的時候，雖然我用英語做了 15 分鐘的介紹，但是，如果有熟知味道表現等專業用語的翻譯，心裡自然就會更加踏實。就這樣，整個團隊齊心協力，在訓練過程中仔細檢查每個細節，為比賽做好萬全的準備。當時的主題是「熱愛日本與義大利」，身上穿的制服是用和服製作的，就連餐墊也是採用和服的布料。我以日本庭園為形象，把砂糖罐放在壽司台上面，藉此強調出日本氛圍。不過，我還是很重視義大利咖啡師的待客之道，同時也很注意濃縮咖啡萃取時的形式和協調。

那個時候，卡布奇諾的奶泡狀態不是很好，所以我就即興畫了四個心型，說：「我製作了四個心型。祈求世界和平」，著實給翻譯添了不少麻煩。大家都說我是「即興的橫山」，就算是比賽，也不會準備原稿。因為我把觀眾和評審當成客人看待，比起說明，我更希望讓客人先品嚐味道，同時，我也希望用自己的話來加以表現。因為我認為不管身在何處，與客人之間的交流才是最重要的事情，這樣才能夠發揮出我自己本身的能力。結果，我得到了第 10 名。比賽的名次固然重要，不過，我還是很高興自己能夠在這場大賽中，充分發揮出我對咖啡師這個工作的理念。

參加這種比賽的咖啡師就像是「F1 賽車手」。使用世界最棒的機器（濃縮咖啡機）和燃料（咖啡豆），展現出最高的技術。對我來說，參加比賽的經驗累積可以讓我有所成長，具有很大的意義。但是，從另一方面來看，如果把咖啡師比喻成司機，那咖啡師就像是「計程車司機」。F1 賽車手的任務是展現高超技術，而計程車司機則是必須讓乘客安心、安全搭乘，才能獲得金錢回報的職業。咖啡師也一樣。有客人的存在，我們才有生意可做。所以我們應該重視那些來店裡喝咖啡的人（＝客人）。我覺得這是目前日本咖啡業界最欠缺的要件。

我曾在某個地方看過一篇問卷調查結果，問卷調查的題目是「你覺得最不可欠缺的食物是什麼？」第 1 名是米，第 2 名是媽媽的料理，第 3 名是咖啡。光從這一點就可以知道，對日本人來說，咖啡已經成了生活必需品。可是，實際上人們都在喝些什麼樣的咖啡？市面上所充斥的即溶咖啡和罐裝咖啡，就足以說明當前的現狀。罐裝咖啡是日本優秀的咖啡文化之一。以便利性作為市場開發的取向，不僅品質優異，種類也相當繁多，真的是相當好的構思。在這種時刻，味道、服務、空間等附加價值，不正是我們所必須思考的重點嗎？

近年來，世界各地所追求的飲食條件就是「安心、安全」，還有「穩定」。咖啡也是一樣，每日穩定供應也是必須的。

義大利的濃縮咖啡混合了五種之多的咖啡豆。為的就是讓客人在享受多層次味道的同時，進一步讓味道更加穩定。就算其中一種咖啡豆的價格飆漲，只要採用五種咖啡豆混合的形式，就可以尋找另一種可加以取代的咖啡豆，藉此取得平衡，並以相同的價格，提供味道不變的咖啡給客人。義大利的咖啡師就是這麼地深思熟慮。如果採用單種咖啡豆或兩種咖啡豆混合，當咖啡豆的價格飆漲時，店家就必須把濃縮咖啡的價格提高 3 倍，或是暫停提供咖啡的販售。對客人來說，這就等於是背叛。

我所尊敬的義大利咖啡師路易吉・魯皮說：「隨時讓客人開心、提供貨真價實的商品，才是最重要的」。我也有同感。「以客為尊，不斷與客人親近、溝通」的待客之道是我一貫的堅持，同時我也一直希望透過「美味的咖啡」，來解開人們對濃縮咖啡的誤解。這正是我作為一名咖啡師的目標。

所謂的咖啡師，並不是單純泡咖啡、賣咖啡的工作。而是指在收銀台裡面工作的人。如果以咖啡師為目標，最好還是確實了解初衷。希望大家都能夠在這個基礎上，找尋到自己想成為的咖啡師風格。

從 Coffee Rosso 眺望中海

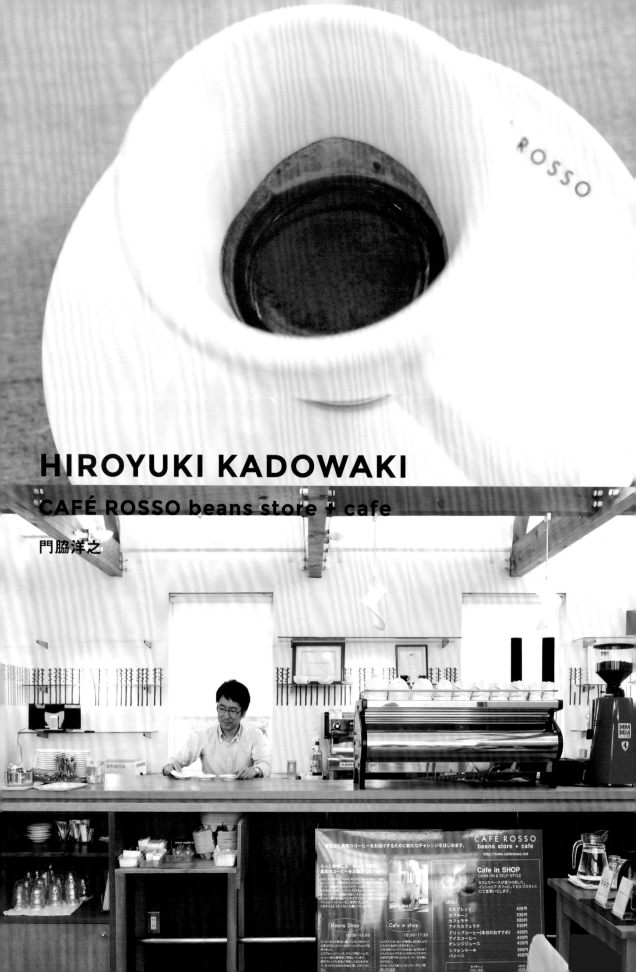

HIROYUKI KADOWAKI

CAFÉ ROSSO beans store + cafe

門脇洋之

靠自家烘焙咖啡和濃縮咖啡打造獨特風格

身為烘焙咖啡師的我是第二代的咖啡職人。我的雙親在島根縣安來經營名為『Salvia 咖啡』的喫茶店,因此,我從小就經常接觸咖啡。父親在我中學二年級的時候開始做自家烘焙。我從小就有喝咖啡的經驗,可是,我是從父親開始烘焙咖啡豆之後,才開始覺得咖啡好喝,並且對咖啡豆的烘焙產生興趣。我也是從那個時候開始有「長大後,想開一家咖啡館」的念頭。Salvia 咖啡大多都是些年長的客人,如果自己開店的話,我希望也能讓年輕人了解咖啡的美味。可是,我覺得光靠咖啡,還是很難實現那個夢想,所以高中畢業之後,我就去大阪學習蛋糕製作。我在於大阪北攝擁有數家分店的法式甜點中央廚房做了 6 年的學徒,學會了甜點製作的技術,甚至還會自行構思食譜。

在 1997 年回到故鄉安來,在 Salvia 咖啡工作,在父親的身邊學習咖啡豆的烘焙和萃取。當時,在東京銀座開幕的『星巴克咖啡』創始店掀起討論話題,而我也跑去嚐鮮。那就是我和濃縮咖啡的第一次邂逅。星巴克咖啡有許多使用濃縮咖啡創新而成的商品,那種宛如靠 1 杯咖啡改變生活的感覺,讓我感到相當興奮。之後,聽說東京初台的『DOLCE VITA』的咖啡拉花很厲害,我也親自跑去一探究竟,結果真的是很厲害、很漂亮,相當令人感動。這個時候,我擁有了這樣的想法,如果有自家烘焙的咖啡、濃縮咖啡、咖啡拉花,還有蛋糕的話,「就能打造出獨一無二的店」。之後,我就去了濃縮咖啡的發源地義大利,

結果我迷上了當地的正統味道,將把那個味道當成自己的指標。

開業地點位在連接安來和鳥取縣米子的國道沿線,是過去祖父經營蕎麥麵店的場所。我從以前就很喜歡紅色,咖啡的果實也是紅色,再加上店裡的裝潢也是以紅色為基調,所以店名就採用了義大利語的 ROSSO,意思就是「紅色」。開業之前,我參加了 FMI 股份有限公司的講習會,並學習了濃縮咖啡機的使用方法,剛開始,我買了雙頭的 CIMBALI 咖啡機,每天用掉 30 瓶牛奶,練習咖啡拉花。總算能夠在開業的時候,做出兔子、人臉等拉花的卡布奇諾。

1999 年,『CAFÉ ROSSO』以自家烘焙豆商店和咖啡館的複合式餐廳開幕。因為位在交通流量大的場所,所以從初開幕時,就有許多客人上門,可說是相當好的開端。隨著每天的營業,我漸漸習慣了濃縮咖啡的做法,也掌握到咖啡拉花的訣竅。然後,開業 2 年之後的 2001 年,某個製造商的業務員,把日本咖啡師大賽(現在的JBC)的消息告訴我。我認為那是個了解自己的能力的好機會,所以就報名參賽了。我在那場比賽中獲得優勝,同時也贏得了開創咖啡師人生的最大轉機。

那個時候,我還經歷了另一個重大的經驗。那就是親眼看到,以評審身分出席大賽的 WBC(世界盃咖啡師大賽)冠軍馬丁 · 希爾德布蘭特(Martin Hildebrandt)的精湛示範。大部分的正統義大利咖啡吧都會事先把咖啡豆研磨起來

以憧憬為目標，持續挑戰的咖啡師競賽

存放，所以 CAFÉ ROSSO 剛開始也是採用相同的做法，可是，馬丁則是使用剛研磨好的咖啡豆來製作每一杯咖啡。另外，他的填壓、蒸煮等動作也有許多令人驚訝的部分。馬丁的純熟動作，讓我深刻感受到，「自己對咖啡技術的認知有多麼貧乏」。為了讓自己更了解世界水準，我親自去觀看了隔年的挪威世界大賽（WBC），深深覺得不能讓自己的水準停留在日本水準。2003 年，我買了 Marzocco Linea 的機器，並且在競賽之前打造了競技台，模擬正式比賽的情況，進一步自主練習。

那一年，我獲得了第 2 次的 JBC 優勝，並且以日本代表的身分，在我所憧憬的 WBC 舞台上參加競賽（※ 2001 年時，日本並未獲得 WBC 的出賽權）。結果，我得到了第 7 名，距離決賽僅差一步之遙。對我來說，那年獲得勝利的冠軍保羅・巴賽特（Paul Bassett），就宛如神一般的存在。他所沖泡的濃縮咖啡，在強烈的咖啡香味中，還蘊藏著巧克力感和恰到好處的酸味，真的非常好喝。之後，我和保羅深入交談的時候，他跟我分享了，他在參加 WBC 比賽時，曾請求心理培訓師的協助、和烘培師等合作，以團隊身分參加大賽等，相當珍貴的心路歷程。保羅的比賽練習內容是準備 15 分鐘、比賽 15 分鐘、整理 15 分鐘，一年下來一共練習了 100 次之多，既然如此，以後我應該練習個 150 次才對！（笑）

在大賽中，我表現了「自己喜歡的味道、希望呈現的味道」（※和現在的規定不同）。大賽用的咖啡豆是自家烘培的獨家咖啡豆，所以我希望強調咖啡豆的魅力，同時以絕無僅有的招牌飲料（使用棉花糖的特色等）作為賣點。2002 年開始，我每年都會去觀看世界大賽，當時並不是個可透過網路輕易看到競賽影片的時代，所以我會親自錄影，然後再反覆觀看、研究。當時幾乎沒有前往觀看世界大賽的日籍咖啡師，在我親眼觀看過大賽之後，我一直堅持「只要這麼做就一定會贏」的想法，所以對自己的獲勝一直相當有自信。2004 年的 JBC，我因為失誤只拿到第 3 名的名次，不過，在 2005 年 3 度挑戰 JBC 的時候，我終於贏得了 JBC 冠軍，同時也在該年的 WBC 中留下了第 2 名的好成績。在那之前，我之所以想擠進大賽，是因為想了解自己製作的咖啡能夠有多少接受度，同時也是因為「希望自己能更進一步貼近保羅或馬丁」。

JBC 獲勝之後，CAFÉ ROSSO 在電視和雜誌等媒體上有了更多的曝光機會，在媒體宣傳的影響下，不管是餐廳還是我本人，生活都變得更加忙碌了。不光是鄰近周邊，有時還會有遠道而來的客人，最多曾 1 天達 400 人次。客人的第一個目標是拉花卡布奇諾。因為利用傾注方式所畫出的葉子或心型拉花，在其他地方也可以經常看到，再加上 CAFÉ ROSSO 的客人似乎都比較偏好動物圖樣，所以自開業以來，我都是使用手繪方式，畫出貓咪、熊貓、熊或兔子的藝術拉花。

當時，我每天都埋首於沖泡濃縮咖啡、畫咖啡拉花的反覆動作。總之就是拚了命地處理一張又一張的訂單。有時我會發現自己只是流於形式，然後就會告訴自己：「不可以這樣」，當這樣的情緒變強烈後，「希望打造一家咖啡專門店」的想法也就更加根深蒂固。接著，當有更多客人

追求日本的義式濃縮咖啡

前來品嚐卡布奇諾的時候,想製作出美味卡布奇諾所不可欠缺的優質咖啡豆、好的濃縮咖啡的那股意念,就會變得更加強烈。因為烘焙量逐年增加的關係,我終於在 2009 年引進了盼望已久的 PROBAT 烘焙機。PROBAT 是更容易誘發出原料美味的烘焙機。自從引進這部機器之後,咖啡的味道變得更棒,「希望做得更好」的心情也就變得更強烈了。基於這樣的理由,我在 2011 年時,把店裡重新改造成過去所描繪的理想樣貌。那就是把「咖啡豆店+咖啡館」的形式,轉變成以咖啡豆販售為中心的型態。同時,還成立了探究濃縮咖啡,並發表相關活動及成果的「濃縮咖啡研究室」。我透過重新裝潢,把原本有 40 個座位的咖啡館空間縮減了一半,變成只剩下 20 個座位,然後把剩下的空間改成咖啡豆販售區和專用收銀台。我也重新檢視了菜單的內容,以可以簡單品嚐美味咖啡的咖啡館為主軸,嚴格篩選了幾種咖啡和蛋糕產品。

咖啡豆的商品種類大約有 15 種。濃縮咖啡混豆和 ROSSO 混豆分別有 4 種,另外還有當季的混豆、深度烘焙的濃醇混豆(Dolce Blend)、單一產區的單品咖啡(Single Origin)、一般烘焙的單品咖啡(約 4 種)。2014 年時,「濃縮咖啡研究室」所販售的第一件商品是,以我在佛羅倫斯所喝過的全濃度(full-bodied)濃縮咖啡作為形象的濃縮咖啡混豆。濾掛式的包裝方式相當受歡迎,禮品等方面的需求也有增加的趨勢。招牌商品是「濃縮咖啡混豆」和「ROSSO 混豆」,不過,我對濃縮咖啡混豆的情感還是比較深厚。

因為我當初就是先在星巴克咖啡認識了濃縮咖啡,之後又在正統的義大利咖啡吧品嚐到濃縮咖啡,才會迷戀上濃縮咖啡的味道,希望讓自己更加貼近那個味道,而濃縮咖啡就是 CAFÉ ROSSO 的原點。對我來說,最大屏障就是,我所製作的濃縮咖啡至今仍然無法達到理想的味道。明明知道「標準答案」,可是……我還是不斷在其中掙扎,每天不斷地嘗試製作。

我心目中的理想味道是,2014 年在義大利當地視察時所喝到的濃縮咖啡。那一年,我為了重新找到自己身為咖啡職人的原點,而造訪了義大利的 5 座城市,結果我在拿坡里的老字號咖啡館『Gambrinus』,品嚐到我心目中所認定的那種「真正的味道」。那杯濃縮咖啡有著宛如焦糖和巧克力調和之後的奢華口感,聞的時候、喝的時候和入喉之後的味道,全都截然不同。入喉之後,嘴裡還殘留著香甜的餘韻,讓人想再來一杯。喝了一杯之後,我感動了好一陣子,接著又點了第 2 杯,結果因為實在太感動了,所以隔天甚至還喝了 3 杯(笑)。

濃縮咖啡除了萃取出咖啡豆的味道之外,在嘴裡的「協調」和「調和」更是重要。為了調配出那個味道,我以 1℃作為調整單位,反覆上下調整烘焙機的溫度計,也嘗試了好幾種不同的烘焙方式,同時也試著和其他咖啡豆混合,並且不斷試味道。濃縮咖啡的咖啡豆和深度烘焙用的咖啡豆,要持續烘焙直到呈現出似焦非焦的狀態為止,同時還要隨時找出產生焦糖香氣的關鍵。咖啡豆烘焙完成之後,我一定會在把商品陳列至店

內之前，先確認咖啡豆的味道。如果是濃縮咖啡混豆的話，我就會以濃縮咖啡的方式確認味道。如果是其他咖啡豆的話，我就會用滴濾等方式，確認萃取之後的味道。

我現在每天的烘焙量大約是 30kg ～ 40kg，平均一個月人約是 1 噸左右。以前，都要把烘焙好的咖啡豆熟成，可是，自從把烘焙機換成 PROBAT 之後，咖啡豆的烘焙狀態變得更好，加上濃縮咖啡機也引進了可以自由改變氣壓的 Marzocco Strada EP，所以現在都不需要熟成。我覺得沒有經過熟成的咖啡豆，能夠產生更濃郁的香氣。

在咖啡豆販售方面，前來批發的業者也增多了，全國各地的咖啡館、喫茶店、義大利餐廳、法國餐廳、咖啡吧都有我的批發客戶。批發商的寄送業務、通路的營運、咖啡館的雜務，主要都是由我的妻子負責，我自己則專注於味道的調配。多虧妻子和工作同仁彌補我不足的部分，CAFÉ ROSSO 才得以正常營運。

我店裡的招牌商品，也就是濃縮咖啡混豆「Basic」，以巴西咖啡豆為基礎，再加上衣索比亞摩卡等 5 種阿拉比卡（Arabica）種咖啡豆所混合而成，而所有的濃縮咖啡混豆都必須進行咖啡豆的驗證。驗證是為了瞭解現在使用的咖啡豆是否恰當，同時也要尋找是否有更適合濃縮咖啡的咖啡豆。因為每個客人沖泡咖啡的方式都不相同，所以更要努力製作出不管怎麼沖泡都美味的咖啡。味道的製作沒有盡頭，不過，唯有濃縮咖啡才能夠一點一滴地接近理想的味道，所以一切的努力都是值得的。

雖然我把工作的重點放在烘焙師的工作上頭，但在另一方面，我也沒忘記自己身為咖啡師的重要任務。每次受邀擔任研討會講師或表演者的時候，我幾乎都是以咖啡師的身分出席。另外，我之所以能夠在 JBC 獲勝，也是因為我用自己製作的咖啡豆沖泡濃縮咖啡，並且獲得正面評價的關係，對我來說，那等於是自己的烘焙師和咖啡師身分，同時得到了認同。所以，我一直很重視「自己是烘焙師也是咖啡師」的這個自我意識。累積了許多咖啡師經驗和實績的自己，非常了解咖啡師所要求的味道和烘焙師想做出的味道稍有落差的那種感覺，所以我一直希望以烘焙師的身分，找出符合雙方需求的味道。

在咖啡趨勢不斷改變的現在，如果沒辦法提供「獨一無二的味道」，一切都沒有任何意義。日本國內也有美味的單品咖啡豆流通，簡單、樸實的味道當然十分出色，可是，讓各種咖啡豆的味道均勻調和，製作出一杯獨一無二的濃縮咖啡，讓喝的人透過濃縮的美味，充分享受最棒的氣氛和時間，和客人一起分享那份感動和喜悅——那是我可以做、想做的事情。

追求日本義式濃縮咖啡的烘焙師兼咖啡師，正是我的最大優勢。我的目標就是讓所有人都認同咖啡的美味，製作出讓義大利人打從心底敬佩，超越正統義大利味道的濃縮咖啡。讓我在義大利讚不絕口的濃縮咖啡，在日本當地以「美味咖啡」的形式繼續推廣下去。

KATSUYUKI TANAKA

BEAR POND ESPRESSO

田中勝幸

『修業』在紐約所接受的訓練

我的咖啡師人生起始於紐約。我在美國 FedEx 總公司，以全球客戶經理這個職銜，負責全球企業物流的統籌職務，工作採 24 小時待命的形式，每天都過得相當忙碌。

2001 年的時候，紐約當地陸續開設了幾家提供精品咖啡、美味濃縮咖啡的咖啡館。這個時期，我常因工作壓力過大，而到這種咖啡館喝濃縮咖啡，藉由咖啡香來療癒自己的心靈。

那段期間，有很多咖啡館開設以一般民眾為對象的濃縮咖啡教室，而我也在報名參加的期間，逐漸對濃縮咖啡產生了興趣。

自從參加了 2005 年開始，每週在『反文化咖啡（Counter Culture Coffee）』（以下簡稱 CCC）舉行的 PUBLIC CUPPING（公眾品嚐）之後，我便決定學習正統的濃縮咖啡技術。過去我任職於廣告代理商的時期，曾經負責過罐裝咖啡的廣告製作，所以對咖啡的基礎知識有所了解。可是，處於第三波咖啡浪潮的他們，當時是以截然不同的觀點去解讀咖啡。對於濃縮咖啡的熱情（激情），加上他們所給予的刺激，讓我逐漸被濃縮咖啡的世界所吸引。然後，在 CCC 的杯測指導員、凱蒂 · 卡古洛（Katie Cargiulo）的推薦之下，我決定參加『Counter-intelligence』活動，一邊持續 FedEx 的工作，一邊花 2 年左右的時間，累積咖啡師的知識和在地訓練的經驗。

CCC 的訓練中心位在華盛頓哥倫比亞特區，訓練從早上 9 點開始。因為我住在紐約，所以清晨 4 點就要出門，先搭乘計程車，然後再轉搭電車前往訓練中心。中午之前是講習課程，講習的內容包含咖啡的歷史、咖啡豆的結構、杯測（Cupping）、咖啡豆的品種，甚至還會邀請大學教授，進行土壤或技術領域方面的講習，徹底學習所有與咖啡相關的知識。然後，下午是濃縮咖啡的實習訓練，課程在下午 4 點左右結束，然後我就得再花 4 個小時的時間回家。回家之後才能處理自己的工作，這就是我一整天的行程。

凱蒂說：「成為咖啡師的唯一途徑就是不斷累積經驗。」專業和業餘愛好者的差異就在於付出了多少時間和勞力。除此之外，速度、準確性和精神力的優異也是必要條件。當時紐約的咖啡師，平均每人每天沖泡 200 杯濃縮咖啡。這麼驚人的數字，靠的並不光只是體力而已，而是從開始一直到最後，味道都不會有絲毫改變的技術和精神力，如果咖啡師沒有那樣的能力，就會遭到淘汰。相對之下，咖啡師除了製作濃縮咖啡之外，並不會做其他的事情。他們不會和客人交談，甚至連「歡迎光臨」都不會說。他們總是集中在濃縮咖啡機面前，一股腦地持續製作最棒的咖啡。那樣的紐約咖啡師深深吸引了我。

2007 年開始，我在『Gimme! Coffee』的老闆凱文 · 卡德伯克（Kevin Cuddeback）的協助下，透過訓練師馬克 · 哈里斯（Mark Harris）的指導，接受了正式的訓練。使用的機器是三孔的 FAEMA E61，濃縮咖啡豆則是 Gimme! 免費提供，可是，訓練師交代：「牛奶要自己買」，所以我每天都會買 5 瓶 4 公升的牛乳。這種每天努力擠出訓練時間，並且製作 100～200 杯濃縮咖啡或拿鐵的艱苦訓練，大約持續了一年左右。

在訓練期間還曾發生過這樣的事情。某天，我像往常般，為了展開訓練而打開了濃縮咖啡機的電源，可是機器卻不會產生蒸氣。結果，馬克只是在一旁看著，說：「靠自己找出原因吧！」之後，我終於找到原因，才知道馬克故意把水槽的水漏掉。這台機器是

單槽，是靠槽內的水位高度來計算壓力。咖啡師必須一邊觀察機器的狀態，一邊調整沖泡的技巧。而馬克就是想測試我，是不是真的了解這一點。

對於不瞭解原因的我，馬克感到相當地憤怒，他說：「你只是單純地按下按鈕，靠機器沖泡出咖啡而已。這樣的你根本不算是個咖啡師。你只是直接使用調整好的機器罷了，根本不了解『咖啡師的意義』。這個世界沒有你可以生存的地方。你還是回去你原來的世界吧！」那番話當然也傳到了凱文的耳裡，於是他也把我叫去斥責了一頓：「你真的有心想做嗎？我們可不是因為好玩才教你的！ get out ！」。

總之，過去的一切就宛如一場夢似的，之後，我已經不記得每天做過什麼了。可是，大家都嘲笑我：「每次阿勝一來，店裡就會變得很乾淨。」或許過去的我只是拚了命地在打掃吧！不過，當時所聽到的「咖啡師的意義」這句話，徹底改變了今後我對濃縮咖啡的看法。

我不再用過去的知識去看待一切事物。在訓練過程中，只要碰到不懂的事情，我就會馬上拋出問題。例如，當訓練師說：「從這個角度去做」，肯定有某種特別的理由，所以我就會馬上提問：「為什麼一定要採用這個角度？」又或者是「為什麼牛奶要採用這種溫度？」等，就像個充滿好奇心的孩子那樣，對所有理所當然的事情抱持疑問。

因為那個事件，馬克還設計了一個彼此把機器的某個零件拆下，然後想辦法找出缺少的零件並加以修復的遊戲。之後，我們還一起修理了放在屋後車庫裡的舊摩托車，感情變得像兄弟一樣。甚至，為了累積經驗，我還買了咖啡機，設置在自己家裡的廚房，在家裡不斷地自我訓練。接連不斷的填壓動作，還讓我

的手指變粗，形狀也隨著填壓器而變形。

然後，我在 2008 年通過了『反文化咖啡』的檢定考試，並且獲得了咖啡師的資格。我所收到的資格證明是，刻了我的名字的填壓器。之後我才知道，全世界只有 5 個人，從老闆彼得 · 朱利安諾（Peter Jiuliano）的手中，得到填壓器這個咖啡師認證。

甚至，2008 年時，我還在西村『Joe』所舉辦的公眾品嚐中，猜中了所有的咖啡豆原產地，還被紐約時代雜誌介紹為「擁有靈敏味覺的男人」，因而成了美國咖啡師中的傳奇人物。

垂在濃縮咖啡杯緣的「Angel Stain（天使污點）」，正是優質咖啡的證明。

『暗黑界』跳脫負面情況

雖然我成了紐約人們口中的傳奇咖啡師，但是，在邁向成功的路途上，仍然有許多的磨難。

我在 1998 年取得美國的永久居留權後，就一直在美國生活，但是，在當地人的眼裡，我依然是個日本人，待遇也有所差異。我非常清楚，這也是無法改變的事實。

剛開始，明明沒有人想要主動跟我說話，可是，當對方得知我在公司擔任要職之後，就會漸漸找我攀談。這個時候，我的想法是，「大家之所以對我那麼親切，完全是因為我是大企業的全球客戶經理。如果不是那樣，就算我主動問些什麼，大家肯定只會冷冷地回我一句『不知道』。

「原來這就是過去的我」，一想到這裡，不禁令我愕然。「我過去的人生到底都在做些什麼？原來我是個由歧視、孤獨、嫉妒、怨恨所塑造出來的虛榮怪獸。過去的我根本就像個活死人。問題不在於社會，錯就錯在我選擇了錯誤的人生。」當我這麼想的時候，我變得十分沮喪。

那個時候，我正處在既不像日本人也不像美國人的四不像期間，感覺就像個不屬於任何環境的動物似的。「雖然會說英語也懂日語，但是卻無法適應兩邊的環境。沒有人了解這樣的我。要在這個環境生存，只能走一步算一步」。不知不覺，我逐漸迷失在超出自我的未知世界裡，甚至煩惱自己是不是已經成了損壞的不良品。

可是，就算再怎麼為自己走過的人生祈禱，也只是虛度光陰罷了。回頭看看過去，我才發現自己的弱點、歧視、孤獨、嫉妒和怨恨，只有自己才能夠體會。「不如今後就和這些傢伙和平共處吧！」當我這麼決定之後，心中突然湧現出無限的能量。

經過這種狀況，摔到谷底的我變成什麼樣？被壓迫的期間雖然很長，但是，直接了當的提問，不僅增加了自己的知識和技術，一切的根本也在不知不覺間，比其他的夥伴更加穩固。當地基打穩之後，自己的應用力也跟著提升了。然後，當我把歧視、孤獨、嫉妒、怨恨往自己身上攬的時候，我會向周遭的人求助，找出全新蛻變的自己，把那些負面的情緒當成挑戰的夥伴。在紐約，為了維持滿滿的戰鬥力，我會以那個時候的心境狀況為基準點。現在的我，急於從濃縮咖啡文化的扭曲黑暗中，「找出濃縮咖啡的全新魅力」。如果沒辦法跨越比當時更嚴苛的考驗，就沒辦法找出全新的濃縮咖啡世界。正因為如此，現在的我仍然在跟內心深處那個「充滿沮喪、嫉妒與悔恨情緒」的自己戰鬥。因為那個時代是自己人生當中最充滿鬥志的時刻，那個時候的自己才是真正的自己。所以我至今仍會把每一天當成全新的一天，就為了不把當時的自己遺忘。

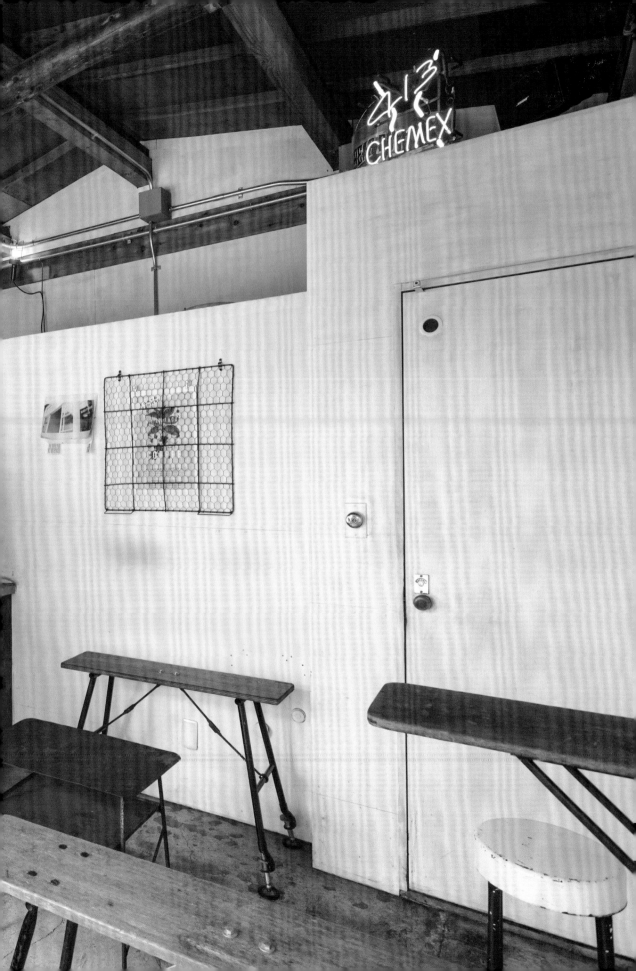

『個人技巧』在咖啡機面前的咖啡師是王者

『Gimme! Coffee』的凱文曾再三跟我說過，「不要迎合他人。要相信自己的團隊」。凱文說：「紐約有各式各樣的人。紐約客一向對自己感到自豪，經常認為自己就是最棒的。如果要迎合他們，就不需要 Gimme! 的存在了。我們要相信自己的夥伴，製作出自己的味道。那就是我們的工作」。

「在咖啡機面前，咖啡師就是王者。不准對我的作法指手畫腳。」當時的咖啡師都以這種強烈的信念面對濃縮咖啡，充滿了滿滿的戰鬥力。所以，客人也不會要求什麼恭維、殷切的接待。接待是其他員工的工作。那就是我們在紐約所營造出的濃縮咖啡文化。

「不要為了別人製作濃縮咖啡。要為了自己而做」，我就是如此被教育的。不管別人怎麼說都沒有關係。濃縮咖啡是個人沖泡咖啡的專業技能，每天的沖泡數量也有所限制。因為我無可取代，所以我希望造訪『BEAR POND』的人，都是為了我的咖啡而來，我願意為那些懂得我的價值的人，花費心力，認真地沖泡咖啡。這就是我的想法。

現在的我仍然不滿於現狀，有時還是會產生新的想法，進而採取行動，製作出全新的商品。例如，去年發售的獨家咖啡工具『coffeedust POKE』的宣傳影片，也是我自己親自演出、拍攝、剪接而成。雖然周邊的人曾說，「田中先生，專業人士可以拍出更好的作品喔！」可是，請別人製作的話，就不是自己的作品了。我所製作的

影像等作品，全都是用智慧型手機拍攝，光是上傳到網站就已經相當吃力了。可是，那又有什麼關係？我就是想靠自己的雙手，把自己親手製作的作品傳遞給其他人。所謂的個人風格，不就是這麼回事嗎？為了「更好的作品」，而委託其他人製作，只不過是虛榮罷了，那樣的虛榮應該捨棄。在自己能力所及的範圍內，盡情地表現自己，才是最重要的事情。濃縮咖啡也是，隨時針對自己調配出的味道進行調整，使出渾身解數，製作出最滿意的一杯。那就是咖啡師的工作，就是王者。

咖啡豆的烘焙也是，我和吉見紀昭（BEAR POND ESPRESSO ROASTERS）一起調配味道的時候，黑板上寫的往往是失敗的內容，而不是美味的數據。因為失敗中潛藏著莫大的機會，所以失敗越多，才能夠進一步挑戰。因為我的修業期間特別長，相對地也經歷了許多，因此，也就變得特別感性。也知道從失敗當中可以發現新的事物。

我在紐約的修業期間，學會了「個人技巧」。我把每天站在咖啡機前沖泡濃縮咖啡的作業，當成修業的學習。許多人都把修業當成往事談論，但我認為，修業就是未來的自己。未來是沒有任何人能夠掌控、想像的未知世界。在這個瞬間，我想說的是，希望「田中勝幸的 BEAR POND ESPRESSO」能夠長長久久，而不是「BEAR POND ESPRESSO 的田中勝幸」。今後我也會秉持著這份初衷，持續修業下去。

HIROSHI SAWADA

sawada coffee

澤田洋史

正因為沒辦法簡單學會，所以咖啡拉花才更顯有趣

2001 年秋天，我捨棄了長達 10 年的上班族生活，為了學習商業和語文而前往美國留學。當時，我每天都會到西雅圖市內的咖啡館做商學院的功課。人家說，西雅圖是「咖啡的首都」。當時，街上除了星巴克咖啡（STARBUCKS）、西雅圖咖啡（Seattle's）、塔利咖啡（TULLY'S）等大型咖啡館之外，還有許多以不同於連鎖店的獨特服務和裝潢為特色，被稱為「INDEPENDENT CAFÉ」的非連鎖咖啡館。

西雅圖是個就連冬天也經常下雨的地區。某天，我因為突如其來的雨勢，而跑進附近的一間小咖啡館躲雨，而不是去我平時常去的星巴克。店內的裝潢保留著鋼筋外露的混凝土原貌。店裡的咖啡師沒有穿著義式咖啡或是大型咖啡連鎖店裡常見的制服，從 T 恤裡露出的手臂上刺滿了華麗的刺青，鼻子上還穿著鼻環，看起來有點壞壞的。當時我點了一杯拿鐵咖啡，結果他用令人訝異的精湛技巧，在紙杯裡畫出了咖啡拉花。咖啡師的邪惡外貌和纖細的動作形成強烈的對比，再加上未曾品嚐過的拿鐵美味，瞬間讓我五體投地。同時也覺得相當感動，「為什麼光是倒入牛奶，就可以畫出這麼美的圖畫呢？」之後，我每天都到這裡做作業，也在不知不覺間和咖啡師兼老闆的他變成好朋友。之後，我向他提出「我也想學咖啡拉花」的請求，他便讓我在店裡工作了。

我花了一年的時間，在這間『Caffe Ladro』學會了咖啡的萃取技術和咖啡拉花的基礎。回國之後，我並沒有從事咖啡的相關工作，而是在西

雅圖的商學院同學的介紹之下，進了當時剛在日本取得認證的『DEAN&DELUCA』工作。我在 DEAN&DELUCA 負責的工作相當廣，從店鋪開發到員工訓練、販售商品的採購都是我的工作範疇，過了一段時間之後，我有了這樣的想法，「與其這樣勞碌一生，我更希望專注在某一件事上，全力一搏」，於是便下定決心，全力投注於咖啡事業。

從 DEAN&DELUCA 離職之後，我開始過著往返日本和美國的生活，我運用自己在日本開發店鋪的經驗，一邊擔任咖啡館和咖啡店的顧問，一邊到位於波特蘭的咖啡師學校上課。我在那裡接受咖啡拉花世界冠軍的一對一教學，一邊以西雅圖舉辦的咖啡拉花世界大賽為目標。

當時，比賽是以西雅圖出身的咖啡師為主，參賽者只有 20 個人左右，所以我是抱持著「搞不好自己也有可能獲勝？」的輕鬆心情去參賽。可是，隔年實際參賽後，因為比賽可以使用的咖啡豆、牛奶、機器和研磨機都和我慣用的不同，所以過程相當不順利，連一半的實力都無法發揮。在參賽者人數逐年增加，水準也逐年升高的過程中，我花了 6 年的時間，持續挑戰了大賽。

在這段期間，曾經做了什麼樣的特訓──當時，我曾經在 1 天內使用了多達 200 瓶的牛奶，甚至，還會把拉花鋼杯帶進家裡的浴室，用浴盆裡的熱水不斷地反覆練習。就是要一直練習，直到拉花鋼杯變成手的一部分為止……。那個時候，既沒有咖啡拉花的專門書，也沒有 YouTube

那種視訊分享網站，所以真的相當辛苦。最近，咖啡機的性能也有所提升，所以就現在的環境來說，拉花的製作也變得比過去更加簡單了。

現在，我去各種場所教授咖啡拉花的時候，總是有人問我：「澤田先生，這種技術要練習多久才會學會？」就我的經驗來說，會這麼問的人，往往都沒辦法有所精進。基本上，有手巧的人，自然也會有手藝較遲鈍的人。越是能夠快速且輕鬆學會的人，越容易在達到某種程度後，因為喪失興趣而放棄追求精進。相反的，遲遲無法順利，一步步從基礎開始穩扎穩打的人，反而更能夠專精。沒有基礎的話，就算畫得再多，也沒辦法畫出各種種類的拉花。而且……如果那麼輕鬆就能夠學會的話，豈不太過無趣了？（笑）就跟電玩一樣，正因為沒辦法輕易學會，咖啡拉花才會顯得更有趣。

在我握著好不容易在 2008 年大賽上贏得的世界冠軍獎盃回到日本後，我卻碰壁了，而且完全意料不到。沒想到日本人幾乎不知道「拿鐵拉花（Free pore Latte Art）」這個名詞。現在看來，當時的自己就像個笑話，因為我還自己邀請了媒體，租下了 DEAN&DELUCA 的創始店，自掏腰包辦了場慶祝獲勝派對（笑）。為了讓咖啡拉花可以因此而普及、啟蒙，同時也為了宣傳我自己。

以前，我在雪印乳業的公關部的時候，我負責的工作就是想辦法讓當時還沒有相當普遍的天然乳酪在全國各地普及化，所以我就運用了那個時候的經驗。結果，多虧了那場活動，旭屋出版

社找我出版拿鐵拉花的書籍。結果，書籍的出版成了我的一大契機。之後，看了那本書的製作公司來找我談 Nikon 的電視廣告，甚至還和 SMAP 的木村拓哉共同演出。那就是咖啡拉花風潮瞬間在全國各地發酵的始末。

2010 年，我開設的『STREAMER COFFEE COMPANY』創始店，在東京澀谷開幕。之後，我一邊在東京都拓展店面，一邊積極推廣各地咖啡館或飯店的咖啡產品。

我認為既然要把咖啡當成商業來做，就必須打造出成功商業化的店，以及採用戰略性的 PR。最近，咖啡館越來越多，但是，沒有做出「差異性」的店卻也很多。「只不過是店名不同而已，和其他店有什麼不同？」常會給人這樣的想法。今後，甚至連咖啡師本身都得想辦法讓「自己的個人特色」更加明確，才能夠在業界中存活。

說到這個，我成為世界冠軍時的「致勝方法」，也是因為個人風格的堅持。我出生時的1969 年，正好是人類首次登陸月球的那一年，我認為不管身在哪個世界，首次攀上高峰是非常重要的事情。當有人問「世界上最高的山是哪座山？」的時候，每個人都會回答聖母峰，可是說到世界第 2 高的山時，除了有特別研究的人，大部分的人都不會知道，對吧？以前，有個人曾這麼跟我說過。他說：「第 2 名就等於是最後一名。如果不是第 1 名，就沒有意義」。所以，以「亞洲第一人、歷屆最高成績」這樣的標題贏得勝利，在我日後的活動和咖啡拉花的啟蒙上，具有相當

Sawada coffee 的燒酒咖啡。

Sawada coffee 的抹茶拿鐵（Military Latte）。

不模仿。就是身為咖啡師的尊嚴

重大的意義。

然後，我在大賽中畫了「三片葉子」的圖樣，而這個圖樣也成了我日後的代表作。其實我是刻意選用這種不會和其他參賽者重複的圖樣。如果太過於拘泥勝敗，而選用過去的優勝者常用的鬱金香或 Rosetta 葉片圖樣，那就等於和過去的優勝者相同。我認為如果不能讓評審、觀眾感到開心，就稱不上是專業，而且我對獲勝的方法也有所堅持，如果沒辦法出奇制勝，做出與眾不同的「獨創性」，那就沒有意義了。

不去模仿。每個咖啡師都要在知識與技術的基礎上，重視自己的個性——因為世界上只有一個「澤田洋史」，不是嗎？既然如此，我就要過與眾不同的人生。「現在很流行煎薄餅，我們也搭個順風車吧！」像這種會模仿他人，跟著別人起舞的人，根本沒有自己的尊嚴。

要磨練個性，就要投資自己，不斷地去「冒險」。要得到別人所不知道的資訊、實現別人所辦不到的事情，就要花費更多的時間和金錢。我當上班族的時期，我的薪水幾乎都花在美食尋訪上頭，而且還曾砸下大筆金錢到國外去親身體驗。沒有親眼所見就無法親身體會的事情，實在太多了。網路上垂手可得的免費資訊，全都是些眾人皆知的情報，並不是什麼重大資訊。

實際上，我的經營方針經常在咖啡以外的地方打破規則。例如，我原本提出就算採用自助服務，仍要提高咖啡單價的機制。可是，當我知道商品只有咖啡的時候，還是會打破規則，採用

「自助式服務就用便宜價格，全面服務就採用等同於飯店等級的昂貴價格」這種常見的價格設定。我店裡採用的做法就跟在吧檯旁邊品嚐料理的壽司店、天婦羅店一樣。在那種店裡，廚師都會在客人面前捏握壽司、炸天婦羅。客人能夠享受到視覺、聽覺、香氣……的全面感受。而在我的店裡，客人則是會聽到咖啡豆的磨豆聲、蒸煮牛奶的聲音，還有製作咖啡拉花的動作場景。

現在，全世界的人都在喝咖啡。就連過去很少喝咖啡的俄羅斯、中國，和以茶為主的台灣，也是滿街林立著咖啡館。我認為咖啡是不管去到世界上的哪個地方，都可以經營的全球性事業。有咖啡的地方，就會有人群的聚集，就會發生無數的邂逅。在 STREAMER COFFEE COMPANY 常有人問我：「澤田先生，為什麼你要和那麼多製造商合作來製作商品呢？」因為他們都是我店裡的客人。不管是和我合作製作咖啡豆圖樣的鞋子和上衣的 Columbia Sportswear，還是 BEAMS，他們全都是我在店裡認識的客人，然後才進一步談論到「有機會一起製作有趣商品」的話題。

和服裝業界的人談事情，就一定會接觸到流行時尚。必須了解現在流行什麼，什麼已經退流行。所以，不光是男性時尚雜誌，我也絕對不會錯過國外的女性雜誌。為的就是培養自己的時尚眼光。說明白一點就是，製造商的負責人絕對不會拿著帆布鞋，跟頂著鮪魚肚的大叔說：「請你穿一下這雙帆布鞋」（笑）。身為店內招牌之一的我，也是會努力控制身材的喔！

sawada coffee 的外牆。

sawada coffee 的店內。用桌球台改造的桌子。

美國芝加哥的全新挑戰。『冒險』永不停止

我在 2015 年屆滿的時候，從 STREAMER COFFEE COMPANY 卸任，我想應該很多人都感到相當驚訝。2015 年 12 月，我在美國的芝加哥開設了『sawada coffee』，我是那家店的老闆兼咖啡師，同時又以咖啡師訓練師兼咖啡館顧問的身分，舉辦各種活動，一邊接受「全新的挑戰」。

我畢業後的第一份工作在紀之國屋，負責的工作是乳酪的採購，接著在雪印乳業的工作則是牛奶。嚴格來說，我的根源並不是咖啡，而是牛奶。我把咖啡當成食品經營中的一環，而未來我也打算繼續以咖啡為主打，不過，我希望試著從中開創出截然不同的嶄新企業。日本、美國都有餐點相當美味，咖啡卻差強人意的餐廳，而反之亦然的餐廳也不在少數。澳洲的墨爾本有很多餐點和咖啡同樣美味的餐廳，所以我想打造出那樣的餐廳。

現在的年輕咖啡師都懷抱著未來自己開店的夢想，我覺得這是非常好的事情。如果沒有目標，日復一日沖泡咖啡的工作，就會變成乏味的例行公事。「凡事應該先想清楚再做」，我總是這麼跟我的員工說。靠制式化的食譜判斷該沖泡幾杯的做法，實在是太過乏味，應該要去思考「該怎麼做，才能讓自己工作得更快樂」才對。如果自己不滿意自己的工作方式，肯定也沒辦法讓客人滿足。如果連咖啡師都愁眉苦臉，又怎麼能讓客人笑容滿面呢？

要把工作做好，每天應有的生活方式也很重要。從讀書、看報紙、調整飲食生活等生活上的小細節開始做起。還有避免乘坐客滿的電車之類的。在快要遲到的情況下，擠上客滿的電車，在搖晃的電車上擠得滿身大汗，然後匆匆忙忙地趕到上班地點。在這樣的狀態下，根本沒辦法好好工作。

咖啡師的工作是以沖泡出美味的咖啡為前提，可是，光是那樣，仍舊不會受到客人的愛戴。因為造訪咖啡館的客人，並不光只有熱愛咖啡的人。咖啡館的客人形形色色，有喜歡喝咖啡的人，也有不愛喝咖啡的人。那個時候，如果咖啡師除了咖啡的淵博知識之外，完全沒有別的話題，自然就沒辦法和客人愉快暢談。

咖啡的知識和技術、其他讓客人開心的接待技巧，還有其他人無法模仿的獨特個性。這些都是咖啡師必須持續磨練的必要條件。

AKIHIRO OKADA &
HISAKO YOSHIKAWA &
NAOKO OSAWA

OGAWA COFFEE

大澤直子（左）& 岡田章宏（中）& 吉川壽子（右）　　小川珈琲

HARUNA MURAYAMA

OGAWA COFFEE

村山春奈　　小川珈琲

為客人帶來笑容與喜悅的服務員—岡田章宏

原本就很嚮往吧檯服務的我，隨著 2002 年『小川珈琲』總店的開幕，一頭栽進了本來就十分感興趣的咖啡世界。讓我對吧檯服務產生嚮往的契機是，湯姆克魯斯主演的電影。他以調酒師一角，在劇中演出的那段彷彿表演藝術家的耍帥場景，讓我深深覺得「服務員超帥的」！在我知道有咖啡師這項職業的時候，咖啡師的形象正好和我被電影所吸引的服務員形象重疊，再加上咖啡師的專業正好是我所喜歡的咖啡，所以我便認定「那就是我的人生道路」。我在小川珈琲負責濃縮咖啡事業的宇田吉範訓練師的身邊，展開了之後的人生道路。

在雜誌上看到 JBC 的相關報導後，我便下定決心，「未來我也要參加比賽，成為日本第一」。我第一次參賽是在 2005 年。當時，完全沒有半點「以比賽為目標的訓練」感覺，對於濃縮咖啡也有很多不瞭解的部分，所以不斷地進行咖啡豆烘焙度、粒度、混豆、萃取的驗證。當時，我研究了持續拿到好成績的隊伍的動作，同時也集中練習介紹方式等自己略嫌不足的部分。我在 JBC2008 拿到了亞軍，並且在 JBC08-09 贏得了期盼已久的冠軍。世界大賽的舞台也曾有過 WLAC2008 和 WBC2009，2 次的經驗。我以濃縮咖啡冠軍的身分，接受媒體採訪的機會也增多了，同時，過去 50 年以濾掛咖啡成長的公司方向性，也開始有了改變。希望讓濃縮咖啡更加發揚光大，並以「成為小川珈琲的咖啡帥」為志願的人也逐漸增多。因為「人才是寶」，所以至今我仍認為，志願者增多是件非常令人開心的現象。

對我來說，比賽是重新檢視身為咖啡師的自己的絕佳機會，同時也是考驗自己的好地方。2015 年，我首次參加了咖啡 & 調酒（JCIGSC）和釀酒（JBrC）的比賽。這是我們 OGAWA 團隊首次參加 JCIGSC 的比賽，希望在我離開之後，還會有後輩繼續跟隨我們的腳步。把眼光放在新的事物上面，也是我身為小川珈琲的首席咖啡師的重要任務。另外，小川珈琲從咖啡生豆的採購到烘焙、出貨、供應，都有各個領域的專業專職負責，公司就是一個團隊。對於身為團隊成員的咖啡師來說，透過比賽傳達小川珈琲的存在及理念，是非常重要且具有意義的事情。

我的工作是，咖啡研討會講師、營業部門的咖啡萃取協助，以及商品開發的支援等內容。我每週都會在『小川珈琲』京都三條店擔任一天的咖啡師。為的是避免讓小川珈琲變成「咖啡好喝，服務卻很差」的店。如果我們的工作只有液體值得讚許，未免太丟臉了。因為我認為，「咖啡師就是服務員，而服務員必須當個表演藝術家才行」。心底必須隨時抱持著「希望讓眼前的客人開心」的心情。在咖啡研討會的時候也一樣，不管是面對專家還是一般聽眾，都要隨時想著，該怎麼做才能夠所有客人「愉快地享受研討的時光」。今後我也將秉持著討客人開心的服務員身分，在研討會和店裡，努力傳遞咖啡的美味和魅力。

把培訓的咖啡師技術獻給次世代和客人─吉川壽子

2006 年，我 因 為 當 時 工 作 的『CLUB HARIE』引進濃縮咖啡，而展開了咖啡師之路。我和村山春奈咖啡師一起接受訓練，當時指導我們的是『小川珈琲』的宇田吉範訓練師和岡田章宏咖啡師。

成功打出奶泡之後，接著就是挑戰卡布奇諾，我總是在每次成功突破一個挑戰之後，馬上找到下一個目標。就這樣沉溺在咖啡師的世界裡。咖啡的狀態會不斷變化，會被每天所面對的事物所左右，所以總是有著新鮮的感覺。

我的最大夢想是 JLAC&WLAC 冠軍。我的身邊有早已經成為冠軍的岡田咖啡師、村山咖啡師、大澤咖啡師，所以我自己一直抱持著「絕對不能裹足不前」的強烈危機感。我在抱著「必勝」決心所挑戰的 JLAC2013 上，成了日本冠軍。之後，又接著挑戰 WLAC，在比賽前的 2 個月期間，我一直在公司裡沒日沒夜地積極訓練。我在 WLAC2013 中畫了以「薔薇」為主題的作品，繼村山咖啡師之後，我成了日本人中的第 2 個咖啡拉花冠軍。在這個契機之下，我有了許多和國外咖啡師、生產者等咖啡業者交流的機會。同時，「還有好多自己所不知道的事情。身為從事咖啡工作的專業人士，我必須更加精進才行」，這個想法也在我成為世界冠軍後，有了更加真實的感受。

我現在的工作是，營業部門的咖啡萃取協助，以及公司內外（批發客戶）比賽事務的統籌。所謂的比賽事務是，幫助 JBC、JLAC 或其他比賽的參賽咖啡師們規劃訓練行程、一起擬定目標、幫助參賽者調整精神狀態，簡單來說，就是所謂的助理，不過，我也會提供技術方面的建議。

參加比賽的 OGAWA 團隊今後將會進一步鑽研萃取技術，探討「在何種狀態下萃取咖啡豆，會產生什麼樣的味道」。不光是萃取，我們還要把焦點放在咖啡豆上，思考如何建構出比過去更優異的介紹內容。我希望把儼然已成公司例行公事的 JBC 和 JLAC 的參賽，培養成公司活動的一環。因為唯有更深入地面對咖啡，才有機會贏得比賽，同時，那樣的活動能夠成就出更美味的咖啡，並且傳遞給客人。

現在，我在公司的定位就是，運用自己過去累積的經驗，營造出「不違背個人風格」的良好工作環境，同時幫助大家更貼近自己想做的事情。我希望以一個咖啡師、一個參賽者的身分，把過去所體會到的知識和技術，回饋給更多的人，而不是僅侷限在公司的框架裡。我的目標是培育咖啡人才的訓練師，以更加淺顯易懂的方式，把咖啡的專業與深奧傳遞給他人的咖啡師。我希望在自己以訓練師身分，陪伴他人成長的同時，也能夠讓自己有所成長。

希望以咖啡師為目標的人，能夠秉持著熱誠，在現有環境裡「持續努力」。只要堅持到底，自然就能夠找到屬於自己的棲身之所。

透過咖啡拉花讓客人享受美味和喜悅—大澤直子

2004 年，『小川珈琲』大阪 · 堂島店開幕時，我以員工身分進入公司，之後在 2006 年，隨著大阪 · 大日店的開幕而轉調，開始從事咖啡師的工作。希望成為咖啡師的契機是，我在某咖啡館看到的卡布奇諾拉花。咖啡杯裡的熊熊圖樣，讓我相當感動，讓我燃起了想親自傳達那份感動的念頭。

常有人問我：「為什麼妳有辦法三兩下就畫出咖啡拉花呢？」因為我在初學的時候，比別人多花一倍的時間練習。我的練習方式並不是練習畫出各式各樣的圖樣，不管是圖樣的對比、液面的高度，甚至是樹葉的葉脈數量，每一個小細節都是我所追求的部分。

我在 JLAC2011、JLAC2012，連續 2 年拿下了咖啡拉花的日本冠軍。在 2012 年大賽上所繪製，有著 10 顆愛心的瑪奇朵，就是我的代表作之一。當然，我並不是一開始就會畫 10 顆愛心，那也是經過反覆的練習，靠身體去記住傾注的節奏後才學會的。我的咖啡拉花得到了「創造力豐富的藝術美味」的評價。就拿我在 2012 年大賽所繪製的作品「蝴蝶～生命的誕生～」來說，我先用傾注成型的方式畫出蝴蝶的蛹，然後在裁判的面前，利用雕花的方式完成蝴蝶，讓裁判和觀眾看得欣喜若狂。在世界大賽（WLAC）的藝術吧檯項目中，沒有得到十分好的評價，讓我覺得相當不甘心。

成為冠軍之後，最大的變化就是「責任感」。不僅要注意自己的發言，同時也要以公司的立場和身為前輩的義務等為優先，不能只顧慮自己個

人的成長。

經營小川珈琲直營店的小川珈琲 Create Co., 在 2010 年變更成小川珈琲股份有限公司。在那之前，我每天都在店裡工作，公司變更之後，我的工作內容也有了極大的變化。我的主要工作是營業部門的咖啡萃取協助，以及以一般民眾、專業人士為對象的研討會事務。公司變更的時候，上司跟我說：「妳就負責岡田咖啡師那樣的工作吧！」也就是說，我的主要工作就是研討會上的事務。剛開始，我會一同前往岡田咖啡師的研討會，在他的身邊學習「教導的方法」。我覺得「確實傳達」是研討會講師的最困難之處。經過幾次之後，雖然我已經慢慢比過去習慣了，但是，對於突發狀況的應變仍然不夠從容。岡田咖啡師隨機應變的靈敏反應，以及現場氣氛的掌控，正是我最希望學習的優點。

透過咖啡拉花的服務，讓咖啡變得更加美味，同時讓客人更加喜悅，就是我以咖啡師為志願的原點。雖然我每個月只會在店裡工作 6 次，但是我一直很珍惜以咖啡師身分站在店裡的時刻。那種對咖啡師工作的重視態度，也能夠成為後輩們的榜樣。

以咖啡師的身分，充分運用自身所擁有的知識和技術，同時透過研討會和門市傳達咖啡的美味，就是我的任務。然後，報名參加 JBC、JLAC 的比賽，不僅是我對培育我的公司的貢獻，同時也是為了自身的成長。在咖啡師和咖啡拉花領域上成為世界冠軍，是我永不改變的夢想。對我來說，每一次的參賽都是「挑戰」。

透過咖啡拉花傳遞咖啡的美好—村山春奈

我在 2006 年開始咖啡師的工作，因為希望更深入鑽研咖啡，而在 2012 年進入『小川珈琲』。

2010 年，我在 WLAC 上，以首位日本人、首位女性的頭銜，成為咖啡拉花冠軍。當時是日本開始參加 WLAC 的數年前，所以可以取得的資訊相當少，也因此而相當煩惱，不知道該採用什麼設計才能得到較高的評價。當時的比賽規則也包含了味覺方面的審查，所以在咖啡的選用上也花了許多時間。在那段訓練期間所喝過的那杯卡布奇諾，是我永生難忘的美味咖啡。「咖啡沒問題，接下來就是全力集中於牛奶的製作」。我想就是那股自信和集中力，帶領我走向冠軍之路。

WLAC 優勝後的影響不計其數。首先，最令我感到驚訝的是，電視的演出和來自國外的訂單，徹底讓我的生活有了 180 度的極大轉變。在別人眼裡，我是個肩負著冠軍之名的人物，在另一方面，我卻又覺得自己所擁有知識和經驗仍有許多不足，覺得有辱冠軍之名，而感到相當不好意思。在那之後，「希望更深入鑽研咖啡」的念頭變得更加強烈了。

進入小川珈琲之後，我投入了美國分店（現在的 OGAWA COFFEE USA）的開幕準備工作。烘焙、品嚐等全新領域的挑戰雖然有趣，但是，難度更高、更深奧的咖啡卻也讓我天天苦惱。開幕的工作包含店鋪開發在內，一切都得從零開始。儘管飽受偶發事件的折磨，位在美國波士頓的海外創始店，總算在 2015 年 5 月順利開幕了。

我希望小川珈琲能夠在守護咖啡文化與環境的同時，把美好的咖啡傳承給下個世代。因此，我希望在波士頓以世界冠軍的身分，透過咖啡拉花，讓更多人對咖啡產生興趣，同時營造出讓客人愉快享受咖啡的機會與空間。除了在門市提供咖啡之外，員工訓練、日本風格的菜單開發，還有研討會等活動的舉辦，都是我的工作內容。

美國和日本之間當然有著語言的屏障、文化的隔閡。尤其在 Cleanness（清潔）工作方面，更是必須反覆地教育工作人員。對於咖啡，大家也都有著自己的堅持和個人偏愛的味道。客人的點餐方式也相當細膩，花了很長的時間才把常客的店餐記下來。然後，飲料的容量也相當大，剛開始真的讓我相當吃驚。不過，現在不管是視覺還是胃袋，也都已經習慣了，完全沒有半點不適應的感覺（笑）。

我成為咖啡師已經 10 年了。我今後的目標就是在波士頓的街道上，讓更多人對咖啡產生興趣。勤懇、踏實是最重要的事情。我希望未來能夠繼續學習、吸收更多的知識，並且和伙伴們一起發現咖啡的無限可能。還有「笑容和快樂！」我會以這個目標持續努力。

HIDENORI IZAKI

SAMURAI COFFEE EXPERIENCE

井崎英典

WBC（世界盃咖啡師大賽）2014

被咖啡救贖、奉獻給咖啡的青春時代

我在 16 歲的時候開始從事咖啡的工作。當時，我從羽毛球特招的高中輟學之後，成天無所事事，做什麼事情都不順。我做過土木工程人員、鷹架工、雜工……各種不同的工作，可是卻怎麼都不順心，心想：「這真的是我值得花上 10 年、20 年，努力一輩子的工作嗎？不，不對。我想要的是值得豁出真心的工作」。就在這個時候，平常很少對我指手畫腳的父親跟我說了一句話。他說：「要不要試著賣咖啡……？」

我的父親在福岡經營咖啡館。對我來說，我也認為自己只能賣咖啡，而且也不認為自己能夠在咖啡以外的事業上成功。我十分清楚，如果再失敗的話，自己就沒有退路了。以我的情況來說，我並不是像一般人那樣，從許多工作或人生選擇題中選擇了咖啡，而是只有咖啡一條路可走。所以我的人生絕對不可能沒有咖啡。

我開始以學徒的身分在父親的店裡工作。父親從遣詞用字，從「不准修眉毛」、「不准染頭髮」之類的小細節開始教導我。還說我根本不像個從事服務業的人（苦笑）。然後，還訓練我和客人之間的應對進退。父親總是不斷地叮嚀我，「要有禮貌、重視禮節、尊敬長者」。然後，因為無事可做，所以我只能在店裡一股腦地打掃。當時的我渾身都是肌肉，所以不是搬運一整袋的咖啡生豆，就是負責秤重。每天只負責最基層的工作。

開始從事咖啡的工作之後，很多人都為我加油打氣，「英典，加油喔！」同時也十分疼愛我。

多虧大家的關愛，我再次回到了高中復學，並且決定以咖啡師世界冠軍為目標。「要挑戰世界冠軍，就必須學習英文」，所以我進入大學就讀，也在就學期間去了英國留學。在大學時期，平常日我都在學校上課，到了周末或連假的時候，我就會去『丸山珈琲』的小諸店打工。雖然打工費全都花在往返長野的交通費和住宿費上，可是，可以找到真心努力的目標，真的非常幸福。

其實我曾經有那麼一次……想要放棄咖啡。就是在 2013 年的 WBC（世界盃咖啡師大賽）上首次挑戰世界冠軍，最後以 13 名的成績落敗的時候。「什麼？15 分鐘就在這麼一瞬間結束了……」那是場還沒有完全發揮全力就宣告結束的比賽。這個時候，正好是我學生生活的最後一年，明明犧牲了那麼多、費了那麼多的精神訓練、持續努力地到最後一刻，卻……。看了世界大賽的決賽之後，訓練師阪本義治先生（現在是 act coffee planning 代表）跟我說：「喂，英典，怎麼了？你下次還會參加吧？」當時的我相當不悅，哭喪著臉說：「我不想再參加了。」儘管當時正在用餐，他還是當場斥責了我。他說：「你知道有多少人一路陪你走到現在嗎？」這個時候，我才想到「是啊！的確如此。是我自己沒有做好足夠的心理準備。居然只因為 0.5 分的絲毫差距就輸了，肯定是咖啡神要我再重來一次」。可是，現在回頭想想，幸好我沒有在那場大賽中進入半決賽。如果沒有那次的經驗，我絕對沒辦法贏得隔年的優勝。

攝影協力：丸山珈琲

贏得世界冠軍榮冠後的心靈改革

2014 年 WBC 義大利・里米尼大賽的優勝，讓我的人生有了巨大的轉變。如果沒有成為世界冠軍，就無法得到的美好邂逅和成長機會，讓我的人生有了更加豐富的選項。在之後的一年期間，我受到各國咖啡相關座談會、大賽、研討會和討論會等活動的邀請，同時還為了精品咖啡的普及活動，在一年 300 天的時間內周遊了世界。不管是工作的義務還是密度，全都變得和以前完全不同。

成為世界冠軍後，我的想法有了很多不同的改變，而其中最大的變化是，「非學咖啡不可」的心情，轉變成「什麼都想了解，希望更進一步鑽研咖啡」的貪婪求知慾。除了因為身上所背負的責任和義務之外，另一個原因是，和世界各地的優秀咖啡師交流之後，我才驚覺「原來自己還有很多不足的地方」。雖然在別人眼裡，我好像很「肆無忌憚」、「態度傲慢」（苦笑），但事實上，我相當地沒有自信。經常疑神疑鬼。在 WBC 獲勝的時候也一樣，如果有人問我是否擁有足以堪稱為世界冠軍的知識或能力……事實上，我並沒有。

獲勝之後，我曾跟 2007 年的世界冠軍詹姆士・霍夫曼（James Hoffman）說過這樣的話。「我對咖啡還有很多不懂的地方，根本背負不了世界冠軍的責任和義務」。結果，他告訴我：「阿英，不懂是理所當然的。其實我自己也不懂。甚至，我也不知道誰才是這個業界的重要人物。可是，比起不懂，不敢說自己不懂的人才是真正可悲的人」。不懂的事情就直接說不懂，然後持續努力去了解，才是最重要的事情，這是我從他身上學會的事情。

詹姆士・霍夫曼，還有和在 2013 年墨爾本大賽得到亞軍的我同年的馬特・佩傑（Matt Perger）……他們兩位都是我所尊敬的咖啡師，他們對咖啡的相關知識或技術當然不用說，同時，他們也兼具了完美的性格、受人喜愛的本質。再來就是他們對咖啡的深厚情感。他們總是隨時抱持著「希望讓這個業界變得更美好」的偉大志向。

我覺得咖啡師的工作是，推翻過去一直認為正確的咖啡常識或者是創新。走在世界前端的咖啡師，幾乎都是抱持著這種觀念。

現在，不光是咖啡豆的生產過程，機器的進步也相當驚人，此外，咖啡萃取的相關知識仍有許多未知的部分。經常會發生昨天明明還正確，隔天卻又變成不正確的的情況。碰到這種情況的時候，咖啡師必須秉持責任，勇於面對，「抱歉，我搞錯了。那個方式才是正確的」，這種正能量的心態和足以承受變化的柔軟性是必要的。

在世界各地工作之後，我發現日本人都是憑感覺在談論咖啡，國外則都是以數字為基礎居多。例如，使用 20 公克的咖啡豆，以 60 秒的時間萃取出 40 公克的咖啡，我覺得那是非常奇怪的方式。對此，日本人大多只是回答：「嘿～原來如此」，很少會去進一步探討和研究，但是，如果根據數字，具體討論「為什麼會好喝？」，

井崎咖啡師（左）和哥斯大黎加的咖啡生產者安立奎 · 納凡若（Enrique Navarro）。

WBC2014

咖啡沒有終點和標準答案

或是進一步分享資訊，應該就會有全新的萃取想法。

在另一方面，沒有終點、沒有標準答案的部分，也是咖啡的魅力和樂趣所在。例如，如果把世界的頂尖咖啡師聚集在一起，然後出一個題目，「請使用這種咖啡豆沖泡咖啡」，我想每個人的沖泡方式肯定都不一樣。但是，每個咖啡師所沖泡出的咖啡，肯定都好喝得沒話說。大家對咖啡的核心思考各不相同，但其實關鍵的差別，就在於咖啡師過去是以什麼樣的方式面對咖啡而已。陷入煩惱的人往往認為咖啡的沖泡方式有標準答案。所以才會認為用 18 公克的咖啡豆，萃取出 36 公克的咖啡是正確的。

「如何學會更高的技術，做出更棒的咖啡」是許多咖啡師的共通煩惱。不光是咖啡師，運動員也一樣，不管做什麼事情，要想提高成果，「就要有絕對的練習量和品質」。而咖啡師則還要再加上「善用頭腦」，我覺得這也是很重要的事情。當每天在店裡沖泡好幾百杯咖啡後，往往最後都會流於形式，但是，至少不會讓一成不變的作業變得毫無章法。秉持著「今天基於這個理由，而採用這種作法萃取咖啡」的堅定理由，對每一杯咖啡負責，是最重要的事情。正因為咖啡沒有標準答案，才更需要透過一整天的工作來找到屬於自己的成果和標準答案。「今天學會了這個。明天就試著挑戰不同的事物吧！」透過每天的挑戰&失敗，肯定能夠讓人的成長速度大幅改變。

還有一件很重要的事情，那就是味蕾的調整。很多咖啡師都會沉醉在自己的世界裡。可是，迎合每個客人的口味需求，才是真正的專業。強迫推銷個人偏愛的味道，完全稱不上專業。咖啡有所謂的標準，當然也會有風潮。從那當中去品嚐好的咖啡、了解好的咖啡，是非常重要的事情。咖啡師必須用味蕾去感受，「為什麼客人喜歡這種味道？為什麼不喜歡這種濃縮咖啡？」，也就是說，「增加舌頭的敏銳度」。要鍛鍊自己的舌頭，就要和懂得品嚐的人一起品嚐。

然後，「向誰學習」也是很重要的事情。不管擁有最新資訊的那個人，是否願意教導正確知識，自己仍要做好「知識武裝」，親臨學習的場所。我自己就是這樣。就算對方滿是疑問，認為「井崎所說的話根本不夠份量」也沒關係。咖啡師就是必須靠自己的力量去深入探究，才能夠提升整個業界的水準。

雖然有語言上的隔閡，不過，網路世界的確充滿了世界各地的最新資訊。例如，名為「Sprudge」的咖啡網站，網站上刊載了比賽的規則和例行事務，不僅可以從那裡得到新的啟發，而且，還可以閱讀世界頂尖咖啡師的採訪報導『Barista Magazine』，了解他們的想法以及全新的計劃。馬特・佩傑的網站「The Barista Hustle」也相當有趣。「沒有學習場所」只不過偷懶的藉口罷了。

日本的咖啡水準很高。可是，還是有咖啡師本身的見解無法獨立，無法確實貫徹專業的部分。單身的時候，可以靠咖啡師的工作養活自己。

WBC2014

琢磨性格，蛻變成頂尖的咖啡師

但是，一旦有了家庭，希望讓自己的妻子和孩子更加幸福的時候，如果不選擇自立門戶或是自己當老闆的話，恐怕就很難讓咖啡師成為足以持續一輩子的工作。要讓這份工作成為可能持續一輩子的職業，就必須進一步提升自己的咖啡師地位，同時，咖啡師本身也要不斷改變自己，讓自己變得更加專業。我自己也是如此。

國外對這個課題的討論也相當熱烈。位在上游的咖啡生產者、位在下游的咖啡師。生產國的咖啡生產收入變得比過去更高之後，人們開始願意投資全新的實驗性生產處理或挑戰，咖啡的品質也有所提升，他們的生活水平也會逐漸變好。可是，如果最後拿起杯子的咖啡師，對咖啡抱持著身心煎熬的痛苦想法，當然就沒辦法把咖啡當成永續經營（可持續的狀態）的事業。專業的咖啡師應該確實打造出能夠讓自己充分發揮的場所，取得合理的報酬，過著幸福快樂的生活。這是非常重要的事情。雖然需要很長的時間。

成為世界冠軍之後，原以為自己會變得更加輕鬆，結果反而是更加辛苦。因為為了緊抓住世界冠軍的頭銜，為了讓自己在業界中擁有一席之地，自己就必須更努力地學習，並且隨時吸收最新的資訊。所以我也會經常到國外增長見聞。我現在才 25 歲，所以可能讓人產生「那傢伙還年輕，失敗在所難免」想法，但是，因為年齡而心存僥倖是最要不得的。因為年輕並不能拿來當作自己失敗的埋田。

如果要我為現在的自己打分數，我給我自己的分數是……30 分（苦笑）。要成為頂尖的咖啡師——就要琢磨自己的性格魅力。咖啡成癡的人或許覺得「只要能沖泡出好喝的咖啡就行了」，可是，我並不那麼認為。咖啡師該想的不是「我沖泡的咖啡好喝嗎？」而是隨時抱持著「謝謝光臨」的熱誠接待態度，這個時候所沖泡出的咖啡就會變得美味。如果我是客人的話，我就會想去那樣的咖啡館。

要把自己的性格琢磨得更有魅力……就要珍惜人們給予自己學習機會的那份心情，並且感謝自己所居住的環境。最後就是全新全意地「專情」於咖啡。

NEW GENERATION

新世代

TAKAYUKI ISHITANI
Freel Barista

AKI WATANABE
Bun Coffee

YUMA KAWANO & TAMITO AIHARA
LIGHT UP COFFEE

DAICHI MATSUBARA & RENA HIRAI
UNLIMITED COFFEE BAR

KIYOKAZU SUZUKI
GLITCH COFFEE&ROASTERS

YASUO SUZUKI & KIYOHITO TANAKA
TRUNK COFFEE

YOSUKE KATSUNO & KAZUMA OZAKI & DAISUKE SAKURABA
THE CUPS

DAISUKE TANAKA
Mondial Kaffee 328

MINAKO YAMAGUCHI
Étoile coffee

GOTA SUGIURA & MARK OLSON
manu coffee

NAOKI KUROSAWA
VINTAGE AIRSTREAM CAFE BAMBI

TAKAYUKI ISHITANI

Free Barista

石谷貴之

沖泡咖啡的服務員

我當初到咖啡館上班，並不是以咖啡師為目標，嚴格來說，我對咖啡根本一竅不通。但是，現在的我卻覺得「咖啡師是天職」，從事這份工作是相當幸運的事情。

大學畢業後，我原本是在美容相關製造公司工作，但是，因為我一直很想從事原本就很喜歡的餐飲接待工作，所以就向公司請辭，開始在表參道的『ANNIVERSAIRE CAFE』工作。我在那裡當了2年左右的服務員，那段期間分別有一個前輩和另一個員工離職，等我察覺到的時候，我已經是店裡最資深的員工了。我們的店裡有1台濃縮咖啡機，因為年資排序的關係，有時沖泡咖啡的工作會落到我身上。結果，就因為這個單純的理由，我的職位從外場服務員變成咖啡師。

當時是個鮮少人知道咖啡師這個名詞的時代。萃取方法也沒有受過什麼訓練，前輩只教過我機械操作的方法，完全沒有邏輯性的指導。有一段時間，我都是照著前輩教我的操作方式萃取咖啡，可是，和前輩沖泡的咖啡比起來，我泡的咖啡一點都不好喝。於是，我開始思考「為什麼會不好喝呢？」，然後開始努力學習咖啡的萃取。

可是，當時的資訊不像現在這麼發達，既沒有可以討論的社群網路，也沒有可以教導技術的人，我只能一個人埋頭苦幹。每天早上，我會搭乘最早的電車，在6點左右抵達店裡，其他工作人員的上班時間是9點，所以我會利用空檔的3個小時自主練習。我覺得基礎相當重要，所以我總是默默重覆著裝填粉和整粉等基礎的動作。

當時，表參道有很多在第一線活躍的咖啡師，我也經常去有咖啡師坐鎮的店。我總是會點卡布奇諾，盯著他們萃取咖啡的樣子。之後，開始自然地和他們談話，甚至還會聊到技術方面的深入話題。不光是東京都內的店，放假時，我還會去走訪販售濃縮咖啡的店，儘管已經喝到肚子痛，我還是會一間喝過一間。因為我覺得自己很笨拙，必須比別人更加努力才行，可是，我完全沒有半點辛苦的感覺，埋首於練習的時間反而讓我覺得相當愉快。我在『ANNIVERSAIRE CAFE』工作了6年左右，期間也獲得了參加JBC（日本咖啡師冠軍盃）的機會。

我第一次參賽的時候是2007年。參賽的契機是，因為某個咖啡烘焙業者問我：「要不要挑戰看看？」之前我曾經以觀眾的身分觀賞過比賽，當時的感想是「原來咖啡還有這種世界」，感覺就像是和自己無關似的，沒想到自己居然也會有參賽的一天，根本連作夢都沒想到。現在回頭想想，當時的自己明明對咖啡完全不瞭解，卻在第一次參賽的時候拿到了第6名的成績。

比賽之前我感覺非常緊張，但是，開始比賽之後，我就非常開心，有種「早就想試試這種感覺」的雀躍感。參加JBC的時候，有很多人前來觀賽，而且因為參賽的關係，來店裡的客人也增加了。這個機緣，也讓再次認知到「必須進一步學習知識和技術才行」。JCB的參賽，是讓我決定認真當個咖啡師的最大主因。之後，我就年年挑戰JBC，並且在2009年的大賽中獲得亞軍。

我 在 30 歲 的 時 候 離 開『ANNIVERSAIRE CAFE』，在暫時休養的期間，之前曾經合作過的烘焙師和咖啡機業者開始找我去他們的公司幫忙。當時正值濃縮咖啡積極拓展的時期，老字號的咖啡館和烘焙師也紛紛開始考慮，「更積極地鑽研濃縮咖啡」。那段期間，我承接了各式各樣的委託工作，有時在活動上負責沖泡濃縮咖啡，有時則幫忙新店面的籌備。差不多經過 1 年之後，我開始認真思考「其實這樣的工作模式也不賴」，於是就從 2012 年的春天開始，以「自由咖啡師」的身分在業界活動。活動或全新店面的籌劃、咖啡產品的開發、研討會的講師等，所有與咖啡相關的工作，都是我所承接的工作內容。

咖啡師是為客人沖泡咖啡的服務工作。站在現場（店裡）時的那種喜悅，至今仍沒有改變。可是，活動或研討會可以看到許多非特定的人，有著不同於站在店裡時的快樂。另外，我覺得以自由形式的業界活動也可以讓自己獲得更多。在各種場合從事咖啡工作，可以讓自己的視野更加遼闊，同時，在傳達訊息的時候，也必須以邏輯去思考，才能夠正確傳達，所以每天的學習都是不可欠缺的。除了靠書本來增進知識之外，我還會積極安排時間，到處去品嚐。有時還可以在當下流行的店裡，發現「原來還有這樣的食材組合」，或是「善用接待服務」之類的新思維。

在這當中，讓我重新察覺到的一件事就是，服務的重要性。

當我有「來這家店真好，下次還要再來。」的想法時，都是在我受到舒適接待的時候，所以在咖啡師的訓練方面，我也會以「咖啡師就是沖泡咖啡的服務員」，這種以服務為重點的方式去做指導。

具體來說，咖啡的味道當然是必要要件，此外，客人點餐後到品嚐之前的時間，更是尤其重要。因為咖啡師的每一個動作，可以讓人產生美味變得更加美味的感覺。舉起拉花鋼杯的方法、打開牛奶盒的方式、咖啡杯的拿法，每一個動作都是讓咖啡看起來更加美味的技術。例如，和隨意舉起拉花鋼杯的方式比較，快速且靈敏舉起的動作，肯定會顯得更加漂亮。我經常會參考調酒師的動作，並且把那些動作套用在服務員的動作上頭。

對咖啡師來說，咖啡豆的知識當然很重要，但是，在現場的俐落動作也同樣不容小覷。在我立志成為咖啡師的時候，我身邊很有多動作快速且乾淨俐落的人。我的目標就是成為那種動作優雅且迷人的咖啡師，所以我到現在仍然很注重動作、舉止。

還有另外一件，我在工作上相當重視的事情，那就是平淡的心情。因為自己心情沉悶的時候，或是過度興奮的時候，都會對味道造成影響。面對咖啡的時候，要隨時讓自己保持平淡、全新的心情。

以個人名義持續挑戰 JBC

截至目前，我已經有 10 次的 JBC 參賽經驗。現在幾乎都是和店裡的人一起組隊參賽，不過，在我從事自由咖啡師工作之後，也曾獨自 1 人參加過比賽。

我通常都在比賽開始的 3 個月前，開始進行介紹等正式的練習。現在，JBC 正在推行「From seed to cup（咖啡豆到咖啡杯）」的活動，目的就是為了傳達咖啡豆從農園輾轉送到客人手中的過程。可是，我既沒有去過咖啡豆的產地，也沒有正統的烘焙經驗。就算我在介紹的過程中大談農園話題，也終究只是單純地閱讀資料罷了。因為我只能談自己的經驗，所以我就先從一年來的實際體驗中找出疑問，然後把導出的答案加以彙整，藉此來進行介紹。與其說是在編寫比賽用的介紹原稿，不如說我是用平常的生活來建構整篇介紹的框架。

在 2015 年的大賽中，我決定採用不使用任何紙卡等道具，只單靠語言來做介紹的方法。因此，我就利用 YouTube 上的企業介紹影片、TED Talk，照自己的方式去學習措辭或停頓的方法，了解在哪個時機怎麼說才能傳達給對方。還有笑容。沒有人會討厭面帶笑容的人。這也是自古以來的重要關鍵。

其他的準備則是生活步調的調整。每天早睡、早起，從比賽的 3 個月前就滴酒不沾，也不吃辛辣或重口味的東西。這個時期，唯一讓我感到最辛苦的事情就是喝了大量的咖啡，可是，調配出符合心意的味道時很令人開心，在嘗試錯誤

的過程中發現全新的味道，更是讓我格外興奮。基本上，這些大賽的準備全都是由我自己一個人進行。

最近，有個比我年輕的咖啡師跟我說：「最近幾年，如果咖啡師本身不是隸屬於名店，就不容易參加比賽，感覺似乎沒有什麼勝算。」不知道是不是因為這個理由，聽說年年希望報名參賽的人也有減少的趨勢，感覺真是有點遺憾。我是因為 JBC 才能夠從事現在的咖啡師工作，所以也希望年輕人可以不斷地挑戰。

學生時代我經常以考試或社團等作為努力的目標，但是出了社會之後，感覺可以為某件事拼命的機會似乎逐漸減少。事實上，我自己也是這樣。可是，參加 JBC 不僅可以讓自己專注於某一件事，同時也可以讓自己更加成長。雖然朋友說：「你每年都參賽，應該很辛苦吧？」但是，其實我一點都不覺得辛苦。專注努力的過程雖然令人疲累，但是我完全不覺得苦。因為那段時期，我把所有的心思投注在咖啡上頭，所以可以察覺到平常工作中所不足的部分，同時也可以發現全新的咖啡魅力。可以透過比賽經驗了解到的事物實在太多了。現在的我可以從事咖啡師的工作，真的很幸福。不管結果如何，希望有更多人能夠一起挑戰。就是因為這樣的想法，所以即便是以個人名義，我還是會每年持續挑戰 JBC。

邁向咖啡師的未來

咖啡是日常生活中，隨處都可以輕易享受到的美味。如果可以提供那種咖啡的咖啡師可以越來越多，那就太棒了。

我所企劃的『SATURDAYS SURF NYC』是衝浪精品店裡的咖啡吧。這種店的優勢就是，就連平常很少喝咖啡的人，也會來上一杯的市場普及性。實際上，來這裡買衣服的人，經常都會以「坐下來喝一杯」的感覺進店裡消費。咖啡不就正是這樣的飲品嗎？

在日本國內，咖啡之所以沒有那麼普及，不是因為感覺不夠舒適，就是給人望塵莫及的高傲感覺。我並不想抱持著緊張感品嚐咖啡。只要讓客人覺得「偶爾喝一下，感覺很美味！」就十分足夠了。所以，我很喜歡可以讓人放鬆心情，愉快品嚐咖啡的『SATURDAYS SURF NYC』，我自己偶爾也會在店裡串場一下。

研討會或訓練的時候，我最常說的一句話是，「我們的工作並不是沖泡美味的咖啡」。現在的時代已經可以喝到各種不同味道的咖啡，但是，就算咖啡師向客人推薦「有著橘子酸味的咖啡」，客人或許並不喜歡橘子。如果是那樣的話，就算咖啡師覺得好喝，客人也未免會覺得好喝，也不會想回頭再喝一次。每個人的喜好各有不同，美味與否交給客人決定就行了。

可是，關於萃取方面，如果咖啡的特徵是橘子酸味，那麼，就要適當沖泡出能夠讓人感受到橘子香氣的咖啡。那就是我們咖啡師的工作。所以我總是在研討會等場所說：「咖啡師請把適當萃取咖啡放在心上」。

就培育咖啡師的立場來說，希望進一步提升咖啡師的社會地位，也是我的心願之一。正因為在現場工作的是咖啡師，所以為了繼續站在店裡工作，就只有自行開業一途。我發現那就是咖啡師現在的現況。就像以職業而確立的侍酒師或甜點師那樣，咖啡師也要以咖啡師的身分賺取酬勞。如果咖啡師無法成為連孩子都感到憧憬的職業，咖啡就會在潮流過去之後，無疾而終。如果現在的高中生不願意在 10 年後當個咖啡師，咖啡就無法以文化紮根。

承先啟後，並順應時代去做改變的時代已經來臨了，我覺得現在正是我們該採取行動的時刻。因此，我認為以個人名義持續參加 JBC 是非常有意義的事情。如果可以讓年輕人對比賽產生興趣，並以參賽為目標，或許日本咖啡的品質水準也會隨之提升。今後我也會以自己的方式去思考自由咖啡師所能做的事情。

AKI WATANABE

Bun Coffee

渡邊綾希

美食、旅行、藝術都能擴大視野
讓咖啡師大幅成長

　　『Bun Coffee』是以澳大利亞最東邊的小城鎮・拜倫灣（Byron Bay）為據點的有機咖啡品牌。該品牌的日本創始店，於 2014 年在東京・市之谷車站附近開幕。玻璃櫥窗裡擺滿了來自拜倫灣烘焙所的咖啡，五顏六色的鮮豔包裝，格外引人矚目。菜單以 Short Black（黑短咖啡）、Flat White（馥芮白）、Coffee latte（拿鐵）等濃縮咖啡為主。從 2015 年開始在這裡擔任店長的是，咖啡師資歷 6 年的渡邊綾希。愛媛縣出身的渡邊小姐在東京的咖啡館工作之後，在就職的『DoubleTallCafe』愛上了咖啡師的職業。渡邊小姐說：「對我來說，最令我迷戀的是以咖啡拉花為主軸的部分。之所以積極參加國內外的大賽，不光是為了測試自己的實力，同時也是為了維持學習的動機」。她前前後後參加了咖啡拉花的世界選手權、咖啡館舉辦的小型比賽等 10 多場比賽。其中就屬國外的比賽最為刺激。她說：「選手之間的交流當然不用說，視察當地的咖啡館，觀察咖啡師的動作和服務、品嚐咖啡的味道，也可以讓自己有很大的收穫。」

　　Bun Coffee 位在市之谷的商業街。這裡和她過去在原宿工作的咖啡館不同，客人的需求也完全不同。她說：「接待客戶的時候，『解讀力』和『眼神交接』是很重要的事情。販售的方式、說話的方式、展現的方式等，都要去思考該怎麼做才能讓客人開心，然後加以實踐」。

　　美術大學出身的渡邊小姐同時也運用她在學生時期的專長領域，負責店內的商品展示、插畫、雕刻等工作。刊載了 Bun Coffee 特殊品牌特徵的招牌等，就是出自渡邊小姐的巧手，為店內的設計增色不少。

　　她個人認為，擴大美食、旅行、藝術的視野，同時也能培養個人的審美觀點。例如，她認為瞭解料理的基礎很重要，所以她會自己在家裡製作料理或甜點。每次出去旅行，接觸到當地的自然和文化，總是特別感動。另外，據說陶藝、手工藝也是她很喜歡的領域。她之所以對各種事物感到興趣，總是拉長著天線四處探索，是因為每件事物都可以和咖啡串連在一起。她說：「就是要隨時抱持貪念、心存疑問，不要滿足於現狀。這份職業就跟永遠不會結束的時尚、潮流一樣，我希望能夠讓自己更加進步。最近，我發現只把眼光放在咖啡拉花上的年輕人有增多的趨勢，但是，希望大家不要因此就感到滿足。藝術終究只是附加價值，接待和味道才是精髓所在。這是我希望以咖啡師身分傳達給大家的課題」。

YUMA KAWANO &
TAMITO AIHARA

LIGHT UP COFFEE

川野優馬（左）& 相原民人（右）

以學生咖啡師團隊活動
少年二人組的全新舞台

　　『LIGHT UP COFFEE』位在東京・吉祥寺車站北口的商店街角落。由兩個同樣都是 20 幾歲的年輕老闆相原民人和川野優馬共同經營。他們 2 個人在大學時期認識。當時他們各自在咖啡館打工，同時也都有過咖啡師的經驗。他們兩人就讀不同大學，卻因為同樣都喜歡咖啡而意氣相投，而且還和其他夥伴一起組成了咖啡師團隊「Coffee Gear」。這個小組會參加大學祭、活動攤位和品嚐會等活動。「希望把咖啡的美味傳遞出去」的兩個人，在結束學業的 2014 年開設了烘焙坊，希望以其作為「Coffee Gear」進一步活動的舞台。「2013 年夏天，我們以 Coffee Gear 成員的身分，去北歐各國和倫敦旅行 1 個月，順便學習咖啡的經驗，那正是我們的轉捩點。北歐是以輕烘焙且帶有酸味的咖啡為主流，那時我們才知道原來咖啡並不光只等於苦。多汁的果汁感、通透的味道讓我們感到相當震撼，同時也決定了我們的味道方向性」。

　　店內所引進的是 1kg 的小型烘焙機。以自學方式學會烘焙，負責烘焙的川野先生說：「想做出這種味道，當我看到那個終點後，就是埋頭苦幹。比起理論，行動更重要」。他們希望讓更多人知道咖啡豆本身源自於果實的果香，以及各農園的鮮明個性，並且透過 6 種單品和 LIGHT UP 混豆，傳達精品咖啡的魅力。

　　店內的裝潢以白色為基調，並設置了小型的桌椅。這裡是以咖啡販售為中心，以內用和外帶的方式提供咖啡。店內主要的飲品是「咖啡」，共有 7 種種類，按照各咖啡豆的特徵，以美式、法式濾壓、濾掛式的方式供應。其中，「COFFEE TASTING SET」是，可以一次品嚐以法式濾壓萃取出的 3 種味道的超優惠組合。除此之外，還有拿鐵咖啡等濃縮咖啡。

　　咖啡豆的包裝設計和銷售空間的陳列展示，都是由在大學專攻設計的相原先生負責。除了用顏色來表現咖啡豆的味道之外，他還會繪製源自於原產國的動物來表現出原創性。

　　年紀輕輕就當老闆的兩個人，如果在咖啡豆、技術或經營等方面碰到問題，就會找同業的前輩商量。為了掌握咖啡業界的趨勢，他們會頻繁的聯繫。「我們希望傳達出可隨時享受精品咖啡的空間與文化」，相原先生和川野先生今後的更加活躍，將受到更多矚目。

DAICHI MATSUBARA &
RENA HIRAI

UNLIMITED COFFEE BAR

松原大地 & 平井麗奈

希望運用兩人的評審經驗
擴大精品咖啡的可能性

　　『UNLIMITED COFFEE BAR』在東京晴空塔下，向世界推廣精品咖啡的魅力。2015 年 7 月開業之後就立即掀起話題。在國內外的眾多咖啡師比賽上擔任評審的同時，從自家烘焙到店鋪經營、業務用咖啡的批發販售、咖啡師的培育，全都親力親為的兩位咖啡師是，松原大地先生和平井麗奈小姐。松原先生是首位在 2013 年 WBC 墨爾本大賽擔任決賽技術評審的亞洲人，同時也是首位在 2015 年 WBC 西雅圖大賽擔任決賽感官評審的日本人。平井小姐是第一屆 JBC 的得獎者，同時也從 2004 年開始擔任認證評審，擁有 10 年以上的資歷。

　　這家店能夠以各種萃取方法和創意變化，品嚐到自家烘焙的 10 種單品咖啡，濃縮咖啡、以 5 種尺寸的咖啡杯提供的拿鐵咖啡、冷泡咖啡（Cold Brew）等，都是該家店所誇耀的豐富商品。另外，因為他們希望客人也能夠在店裡喝到用來競賽評分的創意飲品，所以他們把焦點放在咖啡雞尾酒上面，積極調配出「冷泡咖啡琴湯尼」等創意飲品。

　　因為座落於觀光景點，所以每到周末假期，店裡有大半的客戶都是來自國外的觀光客，堪稱是間國際性的咖啡館。平井小姐說：「日本客人當然不用說，我們同時也希望國外的客人喜歡我們的咖啡，並且實際感受到日本咖啡的優良品質。因此，我們必須具備能夠為客人確實說明的介紹能力。咖啡師用語言傳達對咖啡的熱情，也是非常重要的事情。」之所以招募會說英語的咖啡師工作人員，也是基於這個理由。隨時以最新的世界水準，培育世界級的咖啡師是，附設的「BARISTA TRAINING LAB 東京」的目標。松原先生表示：「我們會用身體去感受世界水準的咖啡味道和介紹技術。我們希望應用比賽上所學習到的知識和技術，讓客人體驗到最棒的咖啡場景」。他們店裡提供咖啡給客人的時候，一直採用著猶如比賽水準般、由咖啡師向客人仔細說明的形式。

　　他們的店名「UNLIMITED」代表「沒有極限、沒有限制」的意思。深信精品咖啡和咖啡師所蘊藏的無限可能，將那份可能無限擴大，正是他們兩個人的使命。

KIYOKAZU SUZUKI

GLITCH COFFEE&ROASTERS

鈴木清和

以日本人製造的日本咖啡為榮
傳遞給世界

於 2015 年 4 月開幕的『GITCH COFFEE&ROASTERS』，位在有著日本古老喫茶店文化的東京・神田神保町。老闆兼咖啡師的鈴木清和先生在經歷了一般企業的上班族工作之後，在 25 歲的時候，一頭栽進了咖啡的世界。在『DEL SOLE』、『Camel 咖啡』培養咖啡師和烘焙技術後，進入『PAUL BASSETT』。以首席咖啡師、烘豆師、品牌經理，支撐著『PAUL BASSETT』的鈴木先生，在任職的 10 年期間，除了從事咖啡師、烘焙師的工作之外，也會協助工作人員的培育工作，以及國內外店鋪的籌備事務。在那段期間，鈴木先生因多次往返日本和國外，而對日本文化有了全新體認，進而在心中萌生了某個念頭。鈴木先生表示：「我在自立門戶，擁有自己的店的時候，捨棄了「○○式」的表達方式。之所以不願意模仿西雅圖式、澳大利亞式那種他國的咖啡文化，是因為我希望以日本製造的日本咖啡為榮，把日本的咖啡傳遞給全世界。我會在日本特有的咖啡文化已經紮根的神保町開店，也是基於這個理由」。

GITCH COFFEE&ROASTERS 不僅嚴格品管高品質的咖啡豆，同時還由鈴木先生親自烘焙。隨時能夠以手沖、濃縮咖啡、愛樂壓的形式品嚐到 4～6 種輕烘焙的單品咖啡。「我希望表現的是，各產地不同的咖啡豆個性和直接的果實味。這樣一來，必然要採用輕烘焙，品嚐的方法也會變得簡單。就消費者的觀點來說，稍微加重烘焙，增添苦味，或是星冰樂之類的飲品，或許比較能夠迎合大眾的口味。可是，如果覺得『其實真正希望推薦的咖啡是另一種』，卻推出與概念完全不同的咖啡，那對客人來說也同樣失禮。採取正面攻擊策略所端出的咖啡，如果因為『不合口味』而遭到丟棄，也是沒辦法的事情。不以消費者的觀點去看，而以咖啡師的立場，充滿自信地把自己覺得真正美味的咖啡端給客人，那才是最重要的事情」。

今後，鈴木先生將要全力投注於，把日本咖啡師和烘焙師串聯在一起的「分享烘焙計畫（SHARE ROASTER PROJECT）」。這個計畫的目的是，希望為沒有烘焙機的咖啡師提供環境和資訊交流的場所，同時和他們進一步『橫向交流』。日本的咖啡文化究竟能夠發展到什麼地步──鈴木先生的挑戰才剛開始。

YASUO SUZUKI &
KIYOHITO TANAKA

TRUNK COFFEE

鈴木康夫（上）& 田中聖仁（下）

傳遞北歐的生活型態
把全新的咖啡文化帶入喫茶店文化地區

　　以北歐的咖啡文化為基礎，並自家烘焙出最高品質的精品咖啡，再由咖啡師提供高品質咖啡的『TRUNK COFFEE』。店內使用的全都是北歐復古家具。菜單以咖啡為主角，再加上數種烘焙甜點和三明治。咖啡豆隨時備有 10 種單豆商品。萃取方法可選擇手沖、愛樂壓、濃縮咖啡，採用在收銀台一邊和咖啡師對話，一邊挑選個人喜愛的咖啡豆和萃取方法的形式。經營這家店的是，以前原本在不同業種工作的鈴木康夫咖啡師，以及田中聖仁烘焙師。TRUNK COFFEE 的誕生，鈴木先生在探訪咖啡先進國家北歐丹麥的時候，領悟到咖啡魅力而開始的。在丹麥被稱為首位日本咖啡師之前，持續累積經驗的鈴木先生，邀請在同一時期周遊世界各地，擁有豐富咖啡知識、資訊、人脈的田中先生，於 2014 年，在他的故鄉，也就是名古屋開設了 TRUNK COFFEE。

　　該店的特徵之一就是輕烘焙。田中先生說：「我們的想法是，盡可能用最小限度的火候，來發揮出特殊素材的原味。輕烘焙可以透過舒暢的口感，享受到宛如紅酒般的果實味」。

　　開店時，我最重視的事情就是獲得全新的咖啡粉絲。因此，我以「好可愛」、「想買回家當裝飾」的女性角度，開發了咖啡商品（ORIGAMI 濾杯、卡布奇諾杯等），同時也舉辦了多次的活動和工作坊。從小學生到大人，廣泛年齡層都可參加的英語教室（同時可享受咖啡的 TRUNK ENGLISH）、邀請藝人來現場演唱等，與異業之間的合作也相當頻繁。在工作人員的人材培育上，他也相當不遺餘力。可是，他的指導僅限於萃取方法、接待等基本的技術，至於如何應用，就看工作人員自己的能力了。他希望不要照本宣科，培育出能夠自我判斷的人材。鈴木先生表示：「絕對不能讓日本掀起的咖啡潮流，以潮流的形式落幕。我們應該建立的是全新的咖啡文化。因此，我們需要的是隨時並持續製作出優質咖啡的內涵，而不能只有時尚的空殼。名古屋是個喫茶店文化相當濃厚的地區，我們要做的不是與之對抗，而是與其共存」。TRUNK COFFEE 的誕生，將會讓名古屋的咖啡文化掀起全新的潮流。

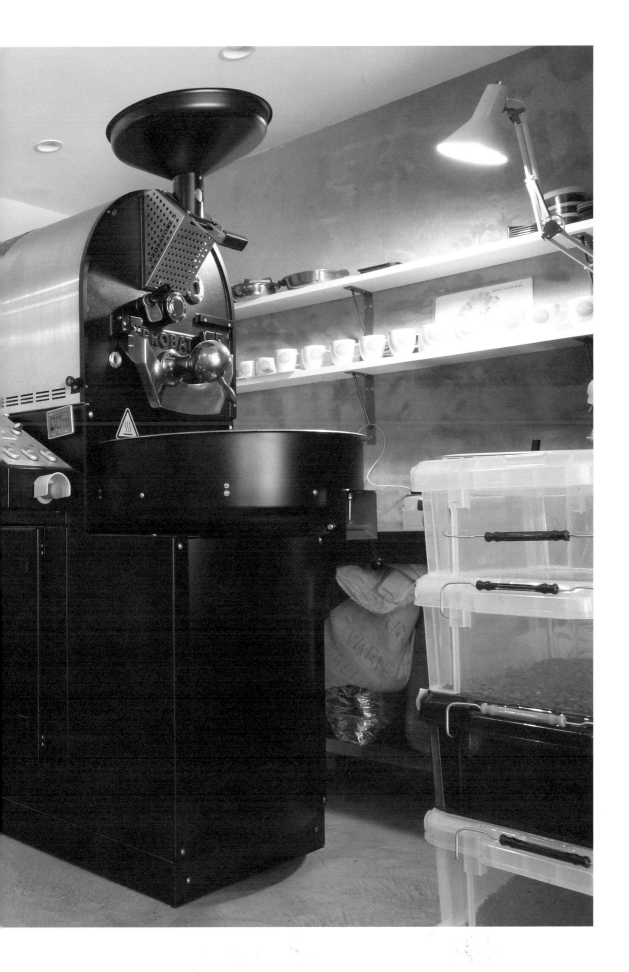

YOSUKE KATSUNO &
KAZUMA OZAKI &
DAISUKE SAKURABA

THE CUPS

勝野陽介（左）& 尾﨑數麿（中央）& 櫻庭大輔（右）

第三波×義式咖啡吧
起源不同的三位咖啡師

　　2015 年，『THE COPS』在名古屋的商辦街誕生。店裡的空間設計以波特蘭的咖啡店為概念，提供咖啡、原創義式冰淇淋、份量豐富的沙拉等餐點。店內最受人矚目的是，起源不同的 3 位咖啡師。以跨越業界藩籬的全新咖啡店而掀起討論話題。

　　尾崎先生覺得可以直接感受到客人反應的咖啡師工作充滿魅力，因而踏上咖啡之路。他最擅長傾注成型的咖啡拉花，同時也精通於第三波咖啡的事情。另一方面，勝野先生基於對義大利文化的興趣，而開始接觸咖啡，長年在名古屋的義式咖啡吧追求正統的濃縮咖啡。櫻庭先生和勝野先生在同一個職場工作，一邊琢磨自己的咖啡師手藝。乍看之下，彼此似乎互不相容，卻因為惺惺相惜，而善用彼此不同的個性，孕生出前所未有的風格。

　　咖啡豆最能表現出該店的特徵。濃縮咖啡用的咖啡豆有兩種，分別是象徵第三波咖啡的精品咖啡，和義大利濃縮咖啡協會認證的品種。前者是可以充分感受到濃郁與咖啡口感的咖啡豆原味，後者則是酸味、苦味、甜味充分調和的傳統味道。他們就是希望藉由不同咖啡豆的選用，來介紹咖啡的深奧之處。他們也會依照客人的喜好進行提案。另外，傾注成型用的咖啡豆隨時備有三種精品咖啡的混豆和單豆。讓客人享受到各個產地和農園的不同味道。在菜單規劃上，他們在咖啡豆的挑選、濃縮咖啡的萃取、咖啡拉花等方面相當用心，此外還使用玻璃杯來取代玻璃罐等，藉此讓年輕人感受到時尚感。

　　勝野先生表示：「我們有時會讓熟悉第三波咖啡的人了解傳統濃縮咖啡的味道，有時也會逆向操作。對客人來說，美味的咖啡沒有什麼流派之分。三個人一起聯手，從更遼闊的觀點去製作咖啡，並且找出符合喜好的一杯，就是我們的最大心願。」過去，一直靠一杯傳統濃縮咖啡打天下的櫻庭先生，在這家店開始經營的同時，向尾崎先生學習了手沖咖啡的萃取方法。他說，手沖咖啡的學習不僅讓他感受到不同於濃縮咖啡的魅力，同時也讓他對咖啡的想法變得更加遼闊。雖然他們的起源不同，但是，希望提供美味咖啡的目的卻是一樣的。這是種相互尊重，並且相互刺激的良好關係。透過三個人的不同觀點，自然就能創造出前所未有的咖啡品嚐方式。

DAISUKE TANAKA

Mondial Kaffee 328

田中大介

蘊藏極大可能性的咖啡師工作
希望透過自己的活動廣為傳達

　　Coffee Fest 是從世界各國召集通過預選的咖啡師的咖啡拉花世界大賽。在 2015 年 6 月的 Coffee Fest 芝加哥大賽上，田中咖啡師如願贏得了咖啡拉花的世界冠軍寶座。

　　20 歲的時候，田中先生原本的志向是音樂，之後他放棄了那個夢想，在 30 歲左右去了東京，並且在咖啡館開始工作。那家咖啡館的濃縮咖啡機，就是讓他成為咖啡師的契機。2 年之後，他下定決心「我要在咖啡（咖啡拉花）」的世界裡，得到了所有人的認同。要做就要以世界水準為目標」，他參加研討會，透過和其他咖啡師交流的方式，進一步琢磨自己的技術。2014 年，他隨著大阪 · 北堀江『Mondial Kaffee 328』的全新開幕，在店裡擔任首席咖啡師。Mondial Kaffee 在大阪率先引進 Slayer 的濃縮咖啡機，並且成為至今仍有許多國內外客人造訪的名店。店裡的招牌飲品是，咖啡師們以個人創意畫出咖啡拉花的拿鐵咖啡。田中先生所畫的咖啡拉花，不管是一條線還是一個形狀，都有著各自的表情，充滿淺顯易懂的藝術風味。指導後輩的田中先生表示：「客人在看到杯裡的咖啡拉花之後，總是會對咖啡產生美味的感受。再加上客人總是對咖啡師所自由描繪出的咖啡拉花有所憧憬，所以總是不會忘記展露笑顏。」不管是平時還是參加比賽的時候，他在製作咖啡拉花的時候，總是會注意到這個部分。

　　田中先生擁有相當豐富的經歷，從咖啡館的工作人員，到店長、經理、首席咖啡師，最後是咖啡拉花的世界冠軍，那些經驗和實力以各種不同的形式開花結果。2015 年，他首次負責監督大阪 · 南堀江的女裝服飾店所附設的咖啡吧，除外，還在 Lecole Vantan 大阪分校擔任咖啡師講師。同一年，Mondial Kaffee 的第 2 家、第 3 家店陸續在大阪市內開幕，田中先生更以店鋪經理的身分負責統籌所有事務。Mondial Kaffee 會不定期舉辦咖啡拉花教室、咖啡拉花盃。田中先生說，為了持續磨練自己的技術，同時更加鞏固自己的咖啡師地位，今後他仍會持續參加咖啡拉花的比賽。「我希望用咖啡來感動客人。因此，美味咖啡的提供、咖啡拉花、空間……從各個方面去招待客人，和每一位客人親密接觸，正是這個工作的樂趣所在。咖啡師的工作並不光只有咖啡和咖啡拉花的服務。還有許多由咖啡所衍生出的各種工作挑戰。我希望透過自己，把這些蘊藏的可能性傳遞給大家。」

MINAKO YAMAGUCHI

Étoile coffee

山口美奈子

不光是咖啡，就連品嚐時光也要追求最極致
味道、風格都要以獨樹一格為目標

　　『Étoile coffee』位在距離福岡市中心 2 個車站的西鐵平尾車站旁邊，在許多公寓座落的區域。老闆兼咖啡師的山口美奈子小姐，在以精品咖啡為根基的『HONEY 咖啡』磨練了 4 年左右的技術，之後在 2015 年 3 月開設了『Étoile coffee』。店裡的咖啡豆只有向『HONEY 咖啡』採購的精品咖啡，備有 5 種單豆和 2 種混豆。店裡的法式壓濾咖啡一杯要價 650 ～ 880 日圓，儘管售價比福岡的其他精品咖啡專賣店略高，山口小姐仍堅持這樣的策略。因為她希望讓客人感受到這家店的經營概念，也就是所謂的「日常奢華。」她說：「使用品質優異的咖啡豆當然不用說，追求舒適感的店內打造，也是為了讓客人在店裡度過的時光，可以擁有更優質的感受。」、「可以讓客人在工作結束、假日的午後等時刻，完全放鬆、悠閒度過的空間，正是我打造這間店的目標。可以毫無顧忌地在店裡撥打長時間的電話等，也是為了讓客人有更自在的感受。如果和咖啡一起度過的時光，能夠為客人的生活增添一點光彩，我就感到非常幸福了。」今後所追求的目標也相當明確。除了咖啡之外，每張桌子所擺放的季節性花卉等，也能夠讓客人感受到唯有女性老闆才有的纖細、體貼。在這個空間裡所擁有的優質時光，其實就蘊藏在每一杯的咖啡價格裡。

　　山口小姐除了曾經在由九州區的咖啡師們角逐的 FADIE CUP 2013 上，贏得冠軍榮耀之外，更在 2012 年之後，以 JBC 評審的身分在業界中大放異彩。能夠客觀分析咖啡味道的評審，總是能夠在深厚的咖啡知識基礎上，給予精闢的見解。2014 年時，她更曾擔任過比賽的最終評審，在評審上的表現堪稱一流。山口小姐在擁有自己的店之後，尤其專注於濃縮咖啡萃取技術的提升。稍微改變使用的咖啡豆公克數、萃取時間、萃取量等數值，藉此調整出所希望萃取的濃縮咖啡味道，是她每天早上的必要工作。運用那個技術，採用比卡布奇諾更多的濃縮咖啡量，並且更著重於咖啡味道的馥芮白等商品，相當值得推薦。

　　在有許多精品咖啡店的福岡，『Étoile coffee』試圖以獨樹一格的形式，做出不同於其他咖啡館的差別性，而山口小姐未來的全新目標是，「透過 JBC 的評審經驗，創造出更多人際之間的串聯。未來，我也希望試著開設一家介紹福岡的咖啡文化和咖啡師工作的實驗室」。

GOTA SUGIURA &
MARK OLSON

manu coffee

杉浦豪太（上）& Mark Olson（左下）

培育福岡的咖啡文化的先驅店
兩人所追求的咖啡師新型態

　　2003 年開幕，代表福岡的精品咖啡專賣店『manu coffee』。
這家店培育了許多咖啡師，其中有兩位咖啡師最受矚目。那就是贏
得老闆西岡總伸先生全面信賴的杉浦豪太咖啡師，以及在福岡『REC
COFFEE』的岩瀨由和咖啡師參加 WBC2015（世界盃咖啡師大賽）
時，以翻譯身分一起前往生產國和西雅圖的 Mark Olson 咖啡師。

　　杉浦先生從高中時期就一直希望從事與咖啡相關的工作，因而
進入學習咖啡館經營知識的專門學校。而他在那個時期所接觸到的
manu coffee 的濃縮咖啡的美味，讓他深受感動，因而讓他選擇在
該店學習咖啡。另一方面，Mark 先生是 31 歲才開始跳入咖啡世界
的慢熟咖啡師。其實從開幕當時，他就　直是 manu coffee 的常客，
就當他正在煩惱是不是要返回故鄉美國的時候，因為老闆西岡先生
的邀約，而成了他展開咖啡師之路的契機。雖然他們開始咖啡師修
業的年齡大不相同，但是他們都有著「喜歡咖啡」的簡單想法。積
極參加 JBC，以及九州區咖啡師角逐的 FADIE CUP 等比賽的他們都
認為，「參加比賽可以讓自己以不同於日常業務的觀點去看待咖啡，
同時，觀看其他咖啡師的技術，也能讓自己有所刺激。」以挑戰
WBC 的日本隊成員之一，累積貴重經驗的 Mark 先生說：「可以近
距離看到世界頂級咖啡師的技術，不僅能夠提升對技術的理解度，
也能學習到哪些部份可以獲得評價。自己參賽當然不用說，對於日
常的工作也能夠有所幫助。」

　　在推行自家烘焙的 manu coffee 裡，店長等級的咖啡師也要學
習烘焙技術，杉浦先生、Mark 先生現在也正在學習。尤其是杉浦
先生，他平日的時間幾乎都在負責烘焙業務。「親自烘焙，可以加
深自己對咖啡味道的理解度。尤其還可以再次確認品嚐的重要性，
同時也可以提升萃取的水平。」杉浦先生也要負責訓練店裡新人。
另一方面，Mark 先生則是在 manu coffee 柳橋店擔任店長。柳橋
店位在福岡市柳橋聯合市場的一角，那裡有許多來自縣外或國外的
觀光客，Mark 先生的英語在這裡相當受用。

　　他們兩人都認為「磨練技術是為了提供最棒的咖啡給客人」。
把咖啡文化紮根於福岡的名店，未來將會繼續傳承下去。

NAOKI KUROSAWA
VINTAGE AIRSTREAM CAFE BAMBI

馬澤直樹

實現符合個人開業的「邂逅」

我進入咖啡業界工作比一般人更晚，是在 34 歲的時候。

爸爸和祖父是汽車維修師，或許是因為受到他們的影響，所以我從小就很喜歡玩弄機械。高中畢業後，我在大型汽車製造商工作，一邊累積實務經驗，取得了二級汽車維修師和汽車檢查員的國家資格。我在企業舉辦的維修師技能競賽中，順利晉級到全國大賽，同時也成了總公司工廠的工程師主管，呈現出未來的穩定生活已經完全掌握在手裡的狀況。

可是，擔任管理職務之後，我的工作就開始逐漸遠離技師的範疇，也經常產生「或許自己無法勝任管理職務」的想法。其實我喜歡的不光只有汽車，我同時也很喜歡摩托車，所以希望參加正統直線競速賽（起源於美國，在直線賽道上從停止狀態開始衝刺，以最後抵達終點的時間來判定勝負的賽車運動）的想法一直很強烈，於是我便毅然決然地離開工作了 9 年的公司。雖然周遭的人都感到相當意外，「居然會放棄這麼穩定的工作，實在太可惜了」，可是，我的雙親和妻子卻很體諒我：「就選擇你自己喜歡的道路吧！」

就這樣，我去了摩托車的改裝店上班，可是，眼前的工作卻讓我覺得相當匱乏無力，而且還是沒辦法參加自己想參加的直線競速賽，於是，我又轉職到外商的汽車製造商。雖然年輕的時候，我曾經有過「未來想自己開設汽車或摩托車店」的想法，可是，這個時候我的想法卻截然不同，「興趣和工作終究還是不同。如果要開店，應該

不要選擇和汽車或摩托車相關的行業」，於是我便開始摸索適合自己獨立開業的道路。

正好在這個時候，西雅圖系列的咖啡連鎖店打入日本市場，在傳播媒體上掀起話題。我本來就很喜歡咖啡，但是，當地的體力勞動者通常都是喝罐裝咖啡，所以第一次喝到拿鐵咖啡的時候，我感到相當震撼。那種味道和添加了牛乳的咖啡罐完全不同，由濃縮咖啡和牛乳所調和而成的拿鐵咖啡就像是完全不同的飲品，令人感到驚訝，我便因此對咖啡產生了興趣。就我的情況來說，因為我本來就很喜歡機械，所以會對濃縮咖啡機產生興趣，也是理所當然的。

於是，我開始四處探訪東京都內可以喝到濃縮咖啡的店，同時也會去參加咖啡店針對一般民眾所舉辦的咖啡學校。自由操控濃縮咖啡機的咖啡師身影令我感到憧憬，而咖啡拉花的技術也讓我由衷佩服，因此，我便開始認真思考，「我希望更進一步學習咖啡，希望朝咖啡的道路去走。」然後，取得妻子的同意之後，我便決定以咖啡師為目標。

我一邊在工廠上大夜班，一邊參加咖啡學校的假日班課程，學習咖啡的基礎知識。從咖啡學校畢業之後，我一直努力地尋找咖啡師的工作，但沒有店家願意雇用 34 歲又沒有餐飲經驗的我。最後，新宿的『Café 89（QUATRE-VINGT-NEUF）』，終於願意以「兼差的形式」聘僱我。然後，我在那裡一邊學習餐飲服務和濃縮咖啡萃取等實務，一邊累積經驗。因為是兼差性質，所以時間上比

較自由，所以我也會練習咖啡拉花，試著參加比賽。參加比賽可以和更多的咖啡師交流，對我來說，那些經驗都是相當無價的資產。

我開始認真考慮自行創業的時候，是在累積了咖啡師經歷約三年之後。因為自己已經學會了基礎技術，再加上年齡也已經邁入 30 後半，同時也認為總不能一直兼差打工下去。

我的目標是「符合個人風格的咖啡館」。剛開始，我腦中所描繪的形象是，在當地的八王子，能夠由夫婦兩個人一起經營，10 坪左右的小咖啡館。當時，市中心有很多時尚的咖啡館，可以隨時喝到美味的拿鐵咖啡，但是，郊外的八王子只有連鎖咖啡館，沒有喝過拿鐵咖啡的人也有很多。所以我希望讓當地的人品嚐到美味的咖啡。

可是，店面的尋找卻陷入苦境。郊外幾乎都是 30 坪以上的店面，車站前面雖然有 10 坪左右的小型店面，可是租金都很高。八王子市的交通以汽車為主，備有停車場的連鎖店相當盛行，如果個人經營的咖啡館沒有停車場，會有客人願意來嗎？這時不禁開始感到疑問。我也曾經考慮採用餐車販售的方式，可是，就算可以找到適合經營咖啡吧的輕型汽車，也未必能夠確保營業場所，而且也會有收入不穩定的疑慮。

就這樣，在任由時間流逝的過程中，我再次回到原點，重新思考「符合個人風格的咖啡館」是什麼？在提供美味咖啡的咖啡館有如過江之鯽的現狀中，我真的有辦法單靠咖啡來表現出我的個人風格嗎？咖啡的味道固然重要，但是，我也想提供咖啡以外的樂趣給客人。

這個時候，我碰巧在網路上看到了美國露營車「Airstream」的復古車款「Bambi」。由於我很喜歡戶外活動，所以對 Airstream 的資訊相當清楚。在美國，Airstream 大多是有錢人才會有的車款，Airstream 更是熱愛戶外活動的人所憧憬的豪華露營車。杜拉鋁的閃耀光芒、流線形的車身，瞬間吸引了我的視線，當下便直覺地認為「這或許可以打造成符合我個人風格的咖啡館。」簡直就像運命的邂逅一般。因為查詢後的價格也在自己可以負擔的範圍內，所以我就更加傾心了。

我馬上展開行動，前往千葉拜訪幾乎快以 Airstream 為家的 Airstream 收藏家兼商店老闆。然後，老闆非常熱情地跟我暢談 Airstream 的魅力，我們聊得相當意氣相投，最後老闆終於同意把珍貴的 63 年款 Bambi 轉售給我。

我壓抑著「或許可以買到我所憧憬的露營車」的心情，馬上請負責改裝的業者幫我估價，結果，遠遠超出了自己的預算。可是，事到如今，豈有放棄的道理。「現在不正是讓我運用自己的經驗的時刻嗎？」

之前，我一直以「符合個人風格的咖啡館」為目標，現在，這台露營車則可以讓熱愛機械的自己充分表現。於是我便下定決心，「我要靠自己的力量去改造，打造一個移動販售式的行動咖啡吧。」

靠移動販售實現夢想

雖然我決定運用自己的專長，以行動咖啡吧的形式開業，但是，改裝作業真的是非常辛苦。

首先，改造需要作業場所。我也曾經為了確保作業場所而考慮搬家，可是，在開業之前，我還是希望盡可能抑制開銷。所以只好選擇在承租公寓的停車場進行作業。於是，我就去拜訪房東，還有每一家和停車場鄰接的住宅，先跟居民們打聲招呼，「因為要開行動咖啡館，需要改裝車子，所以可能會有噪音方面的問題，還請多多見諒。」剛開始很擔心無法獲得諒解，沒想到當我表達自己的想法後，所有人都為我加油打氣，「很期待你的咖啡館，加油喔！」真的讓我鬆了一口氣。

改造作業是利用咖啡館的公休日。我買到的「Bambi」是俄亥俄州工廠的規格，所以內外的材質都是杜拉鋁，可是，我拿到車子的時候，內裝已經上了烤漆。因為我想要的是，LA MARZOCCO 倒映在杜拉鋁上的感覺，所以就用磨砂機等電動工具把烤漆去除。可是，因為烤漆相當厚重，所以相當難去除，整整花了 3 個月才徹底去除乾淨。

另外，車身相當老舊，木頭地板也呈現歪斜、破爛的狀態，所以我把地板拆掉，加入隔熱材質，並替換了木頭。除此之外，廁所管路的堵塞狀況也要處理，有的地方則要挖洞，用來安裝電源或排水用的管路，就連櫥櫃、作業台也都是手工製作。

雖說我是個持有維修師資格的專家，但是，古老年代的美國製露營車終究還是有太多難搞懂的地方，每次碰到問題時，我就會上網逐一調查，一步一腳印地慢慢進行作業。與其說這是車輛的改造，我倒覺得更像是建築工程般的感覺。我為了購買材料和工具，而跑大賣場的次數應該達300 次之多吧！螺絲等零件有很多都是採用英制尺寸，有時還要請美國那邊寄送日本沒有販售的零件過來。因為寄送時間需要數個禮拜，所以就會導致作業中斷，都不知道中途挫敗了多少次。

以行動咖啡吧形式開業時，我最堅持的部分是 LA MARZOCCO 濃縮咖啡機的使用。先不論是不是會超出預算，但是，我就是想追求唯有自己辦得到的做法。行動餐車的電源通常都是 100 伏特，但我覺得 100 伏特的濃縮咖啡機沒辦法發揮出 100% 的效能，所以就裝上了 200 伏特的發電機，設置了一直想要採用的 LA MARZOCCO FB80-3 的咖啡機。除此之外，對於 MAZZER 的研磨機、露營車用的換氣扇、在美國的拍賣網購入的「Coleman」的露營用懷舊爐灶等設備機器，我也相當拘泥。

除此之外，因機器而購買的是放置咖啡機用的業務用桌面型冷藏櫃和製冰機。製冰機是放在自己家裡，打算每天從家裡帶冰塊去開店。供水槽是移動餐車是否能獲得許可的重要環節。各公家機關所規定的供水槽容量，會因販售的商品內容與種類而改變，如果也打算在其他縣市營業，就必須仔細確認過規定再進行設置。我預定提供咖啡和三明治，所以採用了露營車用的 100 l 聚乙烯水槽。排水則裝設園藝用的 100 l 水槽來對

應。

　　申請營業許可的時候，還曾發生這樣的問題。我拿著車內的照片，前往保健所申請的時候，承辦人跟我說：「洗滌槽太小」。雖然縣市規定中沒有載明具體的尺寸，但是申請的時候，會標示固定店面的規定尺寸，設置的洗滌槽太小，就沒有辦法通過申請。無可奈何之下，我就更換了較大的洗滌槽。因為公家機關的規定各不相同，所以有點後悔沒有事先做好確認。

　　另外，露營車也必須接受驗車，而這方面也讓我煞費了苦心。由於車體相當老舊，所以根本沒有留下半點證明文件。就算好不容易完成了車體，如果沒有通過驗車，還是沒有辦法營業。於是，我便寫信給 Airstream 公司，請他們提供 Frame number 給我。雖然我的英語並沒有很好，不過，當我用英語提出「我希望在日本使用 Bambi 經營行動餐車，希望提供證明書」之後，對方馬上就寄了證明書給我，總算讓我順利通過了驗車。

　　我就這樣，一邊從事咖啡師的工作，一邊持續各種改造作業，在經過 2 年半之後，總算完成了咖啡和車輛完美結合的行動咖啡餐車。雖然花費的時間超出我的想像，但是，包含車體和廚房設備等所有設施在內，費用總共花費了 500 萬日圓左右。因為餐車和一般店鋪不同，可以辦理汽車貸款，所以還算是自己可以承擔的金額。如果是委託專門業者處理的話，恐怕就得花費更多。至今我仍非常感謝那些了解我的夢想，並且持續支持我走到現在的每個人。

　　我在 41 歲的時候，以「AIRSTREAM CAFE BAMBI」這個店名開始營業，至今已經過了半年左右。現在有時會負責擔任各種活動的主辦，或是利用場地租用的搜尋網站尋找營業場所，一點一滴地增加開店的次數。每當我拿著「Bambi」的照片，向活動負責人說明：「這台露營車提供美味咖啡」的時候，他們馬上就會因為對車體感到興趣，而發下營業許可。客人的迴響也很大，當瞭解 Airstream 的人讚嘆：「居然可以改造成這種地步」的時候，我總是特別地開心。

　　雖然到正式開業之前，碰到了重重難關，但是，我還是相當熱愛我自己親手打造的露營車，有種物超所值的感覺。雖然移動販售在營業場所的確保上相當累人，但是比起固定店面，不僅沒有租金的負擔，還具有維護容易的優點，另外，也具有以固定店面營業的無限可能性。今後，我希望以懷舊露營車和濃縮咖啡機這種懷舊手工時代和現代相互融合的異時空魅力，以週末的活動會場為中心，持續擴大營業範圍。然後，我也希望試著顛覆移動販售的概念。

　　就我的情況來說，我是以平日從事首席咖啡師的工作，週末以移動販售的全新型態，實現了符合個人風格的獨立開業。咖啡師的開業方式有形形色色，如果今後以開業為目標的人，能夠瞭解此點，我就非常開心了。

取代後記，獻給未來的咖啡師們

我從 1995 年開始，以商業形式在日本推出濃縮咖啡。當時，大家熟悉的淡味濃縮咖啡在日本國內廣為流傳，不是在拿鐵咖啡裡添加從西雅圖直接進口的風味糖漿，就是加上咖啡拉花。不久之後，『星巴克咖啡』進軍日本，以濃縮咖啡為基底的飲品風潮瞬間在各地蔓延，進而成為日本人生活的一部分。

在這個同時，個人經營的咖啡館則陷入比以往更為嚴酷的狀況。最近，雖然媒體經常報導第三波咖啡的消息，但是，能夠搭上流行話題的只有少部分的店家。與其說是咖啡本身受到矚目，不如說那只不過是一時的風潮罷了。網路上曾以一般民眾為對象，做過「喜歡哪一家的咖啡？」的問卷調查，結果依然是速食餐廳和咖啡連鎖店居上位，而西雅圖系列的咖啡館至今仍以畫著可愛圖案的拿鐵咖啡為賣點，女性客人總是歡聲大起地拍著照片。

雖說濃縮咖啡已經完全在日本人的生活中滲透，但是，就這樣的狀況來看，咖啡文化上的層級還是不太足夠。如果我們沒辦法更淺顯易懂地傳達美味，個人經營的店在今後也會有經濟匱乏的情況。

現在，網路上隨時都可以找到來自國內外的全新資訊。很多年輕的咖啡師都會運用那些網路資訊來學習咖啡的製作，但是，那只會讓自己的視野集中在咖啡這種黑色液體上。時代正在改變，咖啡師們或許認為那樣沒問題，但是，品嚐咖啡的一般消費者又是怎麼看待？中高階層是實際帶動日本經濟的族群。推廣濃縮咖啡的時候，如果沒有考量到那個年代的族群，並且去了解上一世代所熟悉的飲食文化，就很難讓咖啡以商業形式持續下去。

例如，當下正流行帶著強勁酸味的咖啡豆，如果把這種咖啡豆拿去義大利餐廳，就會得到這樣的評語：「比起酸味，我們店裡的客人更喜歡濃醇的味道」。因為客人所追求的是味道，而不是流行。

另外，對紅酒品味極為講究的年代，非常了解料理和紅酒的搭配方法。咖啡也一樣，透過和食物之間的搭配或品嚐的情況等，也能產生多種不同的享受方式。餐後該喝什麼樣的咖啡，或者是搭配什麼樣的料理或甜點比較契合，能夠提出這類建議的咖啡師似乎不多。

咖啡師的作用不光只是萃取咖啡，如果連怎麼喝才會比較美味都不去學習的話，就沒辦法吸引到一般的民眾。如果只能吸引到部分的愛好者，或是追逐流行的人，咖啡就會直接以潮流的形式結束。今後的咖啡師應該抱持著更遼闊的視野，學習身邊周遭的所有文化，這是非常重要的事情。

SHOJIRO SAITO

Double Tall Cafe

齋藤正二郎

具備應用力和挑選的眼光

簡單來說，要讓日本的咖啡業界更加發展，就必須進一步提升咖啡師的水準。現在在第一線活躍的咖啡師們，擁有很豐富的咖啡知識，但是，把自己的知識和技術加以融會貫通的應用能力卻相當缺乏。

在濃縮咖啡的萃取上，或許咖啡師懂得填壓等方面的應用，但是，找到新的咖啡機零件後，卻沒辦法加以改造，讓自己在使用的時候更加順手。那是因為咖啡師沒有從工學、邏輯性的觀點去看待咖啡。

例如，大家都說要用氣壓 9 萃取濃縮咖啡，但是，當我使用各種機器去驗證之後，我發現幾乎沒有機器會針對堵塞在濾槽上的粉末標示出壓力。會這麼做也是為了更進一步了解機器。嚴格來說，使用機器萃取濃縮咖啡，明明就必須具備工學方面的知識或經驗，可是，因為萃取咖啡的人幾乎都是照著某人所教導的方式去做，所以會去收集數據，進一步鑽研，然後照個人方式去加以應用、萃取的人，實在少之又少。為了提升咖啡的味道，咖啡師應該靠自己的力量去鑽研咖啡機的特性，並且進一步增長自己的技術和知識。

道具方面的使用也相同。例如，使用甜度計的咖啡師增加了不少，我問他們為什麼要使用，他們說：「為了測量咖啡的甜度」。用甜度計測量咖啡時，所顯示的數值是 Brix ＝濃度值。之所以感覺咖啡有甜味，只是人類的大腦把濃度錯判成甜度，事實上，以乳糖形式存在的糖則是零。如果不瞭解箇中原因，只是因為這樣很酷而去使

用的話，就沒辦法有任何改變。甜度計原本的使用目的是，為了製作出自己想要的味道，而用來幫助自己去評估，該如何改變咖啡粉的填塞方法或份量。

不管是機器還是道具，絕對不能因為「某人使用，所以自己也要使用」而去依樣畫葫蘆，應該確實理解機器或道具的性能、使用方法，並且進一步學習加以應用的能力才行。

自家烘焙的人有增加的趨勢，應用力也是烘焙所需具備的要件。2007 年，摩卡咖啡豆被檢出含有超出日本標準值的殘留農藥，因而遭到暫停進口的處置。那個時候，某個資深的烘焙師說：「我可以烘焙出摩卡咖啡豆」。那句話的意思是，「使用不同咖啡豆，烘焙出近似於摩卡味道的技術」。之所以敢誇下豪語，是因為他擁有混豆和烘焙相關的高深技術與應用力。擁有可以應付變化的創造力，不管在什麼條件下都能製作出相同的味道，那就是專業。希望新一代的咖啡師們都能夠擁有這種應用力和挑選的眼光。

如果能帶動起，就連對咖啡沒什麼興趣的人在內，大家都會喝咖啡，使整個咖啡業界更加經濟繁盛的潮流，那將會是件多麼美好的事情。不光是濃縮咖啡，日本擁有濾紙沖泡、法蘭絨濾泡和虹吸式等國外認同的咖啡技術，同時也有各種不同的萃取方法。希望大家不要隨著潮流而盲目起舞，而是在了解自己所長的情況下加以應用，進一步讓日本的咖啡業界更加蓬勃發展。

Shop & Company
Information
咖啡館訊息

P.008–
FMI股份公司
東京都港區麻布台1-11-9
Tel. 03-5561-6521
http://www.fmi.co.jp

P.016–
Bar Del Sole
http://www.delsole.st

[六本木 本店]
東京都港區六本木6-8-14
Patata六本木1F
Tel. 03-3401-3521
Open.
週一～週四 11:00～24:00
（最後點餐時間：23:00）
週五・週六 11:00～隔天凌晨2:00
（最後點餐時間：1:30）
週日・國定假日 11:00～23:00
（最後點餐時間：22:30）
每個月第一個週日公休

[高輪店]
東京都港區高輪4-10-18
Wing　高輪WEST 1F
Tel. 03-6408-2559
Open.
週一～週六 11:00～隔天凌晨2:00
（最後點餐時間：1:30）
週日・國定假日 11:00～23:00
（最後點餐時間：22:30）
無公休日

[赤坂見附店]
東京都港區赤坂3-19-10
APA VILLA赤坂見附1F
Tel. 03-3568-1226
Open.
週一～週六 7:00～24:00（最後點餐時間：23:00）
週日・國定假日7:00～23:00（最後點餐時間：22:30）
無公休日

[銀座2Due]
東京都中央區銀座2-4-6
銀座Velvia館1F
Tel. 03-5159-2020
Open.
週一～週五 11:00～24:00
（最後點餐時間：22:30、最後點飲料時間：23:00）
週六 10:00～24:00
（最後點餐時間：22:30、最後點飲料時間：23:00）
週日・國定假日10:00～23:00
（最後點餐時間：22:30）
無公休日

[中目黑店]
東京都目黑區上目黑2-1-2
中目黑GT PLAZA 1F
Tel. 03-3714-3910
Open.
週一～週五11:00～24:00
（最後點餐時間：22:30、最後點飲料時間：23:00）
週六・週日・國定假日11:00～23:00
（最後點餐時間：22:00、最後點飲料時間：22:30）
每個月第一個週日公休

[武藏小杉店]
神奈川縣川崎市中原區新丸子東
3-1302 lalaterrace武藏小杉1F
Tel. 044-750-8933
Open.
週一～週五7:00～24:00（最後點餐時間：23:00）
週六9:00～24:00（最後點餐時間：23:00）
週日・國定假日9:00～23:00（最後點餐時間：22:30）
不定時（請以lalaterrace武藏小杉的公休日為基準）

[橫濱JOINUS店]
神奈川縣橫濱市西區南幸1-5-1
SOTETSU JOINUS 1F
Tel. 045-290-1141
Open. 7:00～23:00
不定時公休（請以SOTETSU JOINUS的公休日為基準）

[大阪STATION CITY]
大阪府大阪市北區梅田3-1-3
JR大阪駅5F 時空廣場
Tel. 06-6485-7897
Open. 8:00～23:00
無公休日

P.104–
UNLIMITED COFFEE BAR
東京都墨田區業平1-18-2
Tel. 03-6658-8680
Open. 11:00～24:00
週六 9:00～24:00
週日 9:00～22:00
週一公休（※國定假日營業）
https://www.facebook.com/UnlimitedCoffeeBar/

P.108–
GLITCH COFFEE&ROASTERS
東京都千代田區神田錦町3-16
香村ビル1F
Tel. 03-5244-5458
Open. 7:30～20:00
週六・週日9:00～19:00
無公休日
http://glitchcoffee.com/

P.112–
TRUNK COFFEE
愛知縣名古屋市東區泉2-28-24
東和高岳ビル1F
Tel. 052-325-7662
Open. 9:30～21:00
週五 9:30～22:00
週六 9:00～22:00
週日・國定假日9:00～19:00
無公休日
http://www.trunkcoffee.com

P.116–
THE CUPS
愛知縣名古屋市中區錦2-14-1
X-ECOSQ.1・2F
Tel. 052-209-9090
Open. 8:00～23:00
週六10:00～23:00
週日・國定假日 10:00～19:00
無公休日
http://cups.co.jp

P.120–
Mondial Kaffee 328
https://www.facebook.com/mondial328

[北堀江店]
大阪府大阪市西區北堀江1-6-16
Foresuteji北堀江1F
Tel. 06-6585-9955
Open. 8:30～21:00
不定時公休

[福島店]
大阪府大阪市福島區福島2-8-22
FUKUDA B.D 1F
Tel. 06-6454-6699
Open. 8:00～23:00
不定時公休

[南堀江店]
大阪府大阪市西區南堀江1-1-20
大阪屋ビル1F
Tel. 06-6541-3377
Open. 12:00～21:00
不定時公休

P.124–
Étoile coffee
福岡縣福岡市中央區平尾2-2-22 1F
Tel. 092-531-5922
Open. 12:00～24:00
週日・國定假日12:00～21:00
週三公休（※也有其他日休假的狀況）
https://www.facebook.com/etoilecoffee.fukuoka/

P.128–
manu coffee
http://www.manucoffee.com/

[春吉店]
福岡縣福岡市中央區渡邊通3-11-2
Border Tower 1F
Tel. 092-736-6011
Open. 8:00～翌3:00
無公休日

[柳橋店]
福岡縣福岡市中央區春吉1-1-11
Tel. 092-725-8875
Open. 7:00～20:00
週日公休

P.132-
黒澤直樹
VINTAGE AIRSTREAM CAFE BAMBI
https://airstreamcafe.wix.com/bambi

P.140-
Double Tall Cafe
http://www.doubletall.com

[原宿店]
東京都涉谷區神宮前1-11-11
Green fantasiaビル2F
Tel. 03-5413-2106
Open.
週一～週五 11:00～23:00
（最後點餐時間:22:30）
週日・國定假日10:30～22:30
（最後點餐時間:22:00）
無公休日

[涉谷店]
東京都涉谷區涉谷3-12-24
涉谷east sideビル1F・2F
Tel. 03-5467-4567
Open.
週一～週五11:30～23:30
（最後點餐時間:22:30）
週六 11:30～21:00
（最後點餐時間20:30）
週日・國定假日公休

[涉谷cocoti店]
東京都涉谷區涉谷1-23-16
cocoti 1F 入口內
Tel. 03-3409-8869
Open.
週一～週五9:00～20:00
週六・週日・國定假日 10:00～20:00
無公休日

[仙台 長町店]
宮城縣仙台市太白區長町7-20-3
THE MALL仙台長町本館2F
Tel. 022-308-4308
Open. 10:00～21:00
無公休日

[仙台 東仙台店]（コーヒー豆専門店 DTS珈琲）
宮城縣仙台市宮城野區東仙台4-2-55-102Tel.
022-292-0756
Open. 10:00～19:00
週三公休

[濱松町店]（ダブルトールマム ケーキファクトリー）
東京都港區芝1-11-2
宮島ビル1F
Tel. 03-3451-3007
Open. 11:30～16:00
週日・國定假日公休

[北海道醫療大學店]
北海道石狩郡當別町金沢1757
北海道醫療大學中央講義棟10階View Lounge
Open. 10:00～17:00
週六・週日・國定假日公休

[札幌pivot店]
北海道札幌市中央區南2條西4丁目
PIVOT 5F
Tel. 011-281-8787
Open. 10:00～20:00
無公休日

[PLUS CAFE inspired by Double Tall Cafe]
秋田縣大仙市大曲通町6-1
Tel. 0187-73-7577
Open.
週一～週五7:00～19:00
週六・週日・國定假日 10:00～19:00
不定時公休

咖啡館學習書系

我的個人規模咖啡小店

全書收錄 10 坪以內的個人規模咖啡小店開業實例，從規劃到開店的基本知識全都一應俱全，起頭不勉強，才能永續經營。一本開設「擁有個人風格咖啡館」的參考書。

定價 320 元　15×21cm　144 頁　彩色

冠軍咖啡調理師 虹吸式咖啡全示範

兩位冠軍親自示範，為了傳承「虹吸式咖啡」精湛的沖煮工夫而不遺餘力，將反覆試驗後的最佳成果及訣竅，從虹吸原理開始，逐步講解每個步驟，提醒每個要留心的細節，毫不保留地呈現在本書，讓讀者馬上可以掌握要訣，幸運地獲得大師們多年的豐富經驗！

定價 300 元　18×26cm　104 頁　彩色

COFFEE STAND 新型態咖啡站的開業經營訣竅

您聽過「咖啡站」嗎？咖啡是如此貼近你我的生活，然而在寸土寸金的都市裡，想要開一間店不是那麼簡單的事，為您介紹在義大利、日本造成一股旋風的「咖啡站」，小小的空間有著對咖啡的講究與堅持，也有著對顧客的親切與誠意。

定價 420 元　18×25cm　216 頁　彩色

丸山珈琲的精品咖啡學

從採購咖啡豆、烘焙、萃取到銷售，全部都是丸山珈琲的業務涵蓋範圍，就讓我們來一探究竟，丸山珈琲是如何貫徹「從咖啡豆到咖啡杯」的理念。

定價 320 元　19×24cm　112 頁　彩色

Café Bach 濾紙式手沖咖啡萃取技術

在日本被喻為咖啡之神的本書作者·田口護，以推廣咖啡為畢生志業。為了讓更多喜愛手沖咖啡的朋友習得「濾紙式手沖咖啡」的萃取技術，將其自身經營咖啡店四十年來的經營理念與手沖咖啡萃取技術，透過淺顯易懂的圖文對照解說，將他對於手沖咖啡的美味堅持，毫無保留地傳授並凝縮成冊。

定價 350 元　18×26cm　128 頁　彩色

咖啡吧台師的新形象

能夠將咖啡豆的價值發揮到淋漓盡致，才是真正的職業高手！帶您認識何謂「新咖啡吧台師」的理想形象與其肩負的未來。極其專業、精緻的義式濃縮咖啡的萃取技術，詳解大公開，一窺 Barista 的培訓課程 &WBC 世界盃咖啡大師競賽的內容。

定價 350 元　18×26cm　136 頁　彩色

TITLE

咖啡師 生存之道

STAFF

出版	瑞昇文化事業股份有限公司
編著	旭屋出版編輯部
譯者	羅淑慧

總編輯	郭湘齡
責任編輯	黃思婷
文字編輯	黃美玉　莊薇熙
美術編輯	朱哲宏
排版	曾兆珩
製版	昇昇製版股份有限公司
印刷	桂林彩色印刷股份有限公司

法律顧問	經兆國際法律事務所　黃沛聲律師

戶名	瑞昇文化事業股份有限公司
劃撥帳號	19598343
地址	新北市中和區景平路464巷2弄1-4號
電話	(02)2945-3191
傳真	(02)2945-3190
網址	www.rising-books.com.tw
Mail	resing@ms34.hinet.net

初版日期	2017年1月
定價	350元

ORIGINAL JAPANESE EDITION STAFF

編集協力	稲葉友子　三上恵子
取材・執筆	稲葉友子　三上恵子　江川知里　諫山力　山本あゆみ
撮影	後藤弘行　曽我浩一郎（旭屋出版）　鮎川弥生　香西ジュン　田中慶
	戸高慶一郎　深堀雄介　ふるさとあやの　松井ヒロシ　松岡誠太郎　よねくらりょう
画像提供	丸山珈琲　阪本義治（act coffee planning）
ブックデザイン	金坂義之（オーラム）

國家圖書館出版品預行編目資料

咖啡師生存之道 / 旭屋出版編輯部編著；羅淑慧譯.
-- 初版. -- 新北市：瑞昇文化, 2017.01
152　面；18.2x25.7　公分
譯自：Barista life
ISBN 978-986-401-142-1(平裝)

1.咖啡

427.42　　　　　　　　　　　　　　105022608

國內著作權保障，請勿翻印／如有破損或裝訂錯誤請寄回更換

BARISTA LIFE
© ASAHIYA SHUPPAN CO.,LTD. 2016
Originally published in Japan in 2016 by ASAHIYA SHUPPAN CO.,LTD..
Chinese translation rights arranged through DAIKOUSHA INC.,KAWAGOE.